リスクセンスで磨く異常感知力

組織と個人でできる11の行動 化学プラント編

特定非営利活動法人リスクセンス研究会 編著

L：Learning

学習態度

C：Capacity

管理能力

B：Behavior

実践度

化学工業日報社

はじめに

化学産業界においては、近年大きなプラント事故が続発しており、産官学挙げて「保安力向上」を目的とした種々の取組みが行われています。

本書でリスクセンス[注1]を身に付け、人がセルフヘルスケアするように組織のセルフケアを行い、組織の何か変だと感じる“未病”の段階で事故を防止する手法を習得しませんか。血圧、体温、体重などのセルフヘルスケア項目に相当する11の組織と個人の行動〔具体的には学習態度（Learning)、管理能力（Capacity）および実践度（Behavior）から成る11の行動〕で、組織の状態を簡便に診断し事故を未然に防止する手法です。なぜ大きな事故に至る前の予兆に気が付き、対処できなかったのだろうか？長期にわたって事故や不祥事が起きない組織は、どんな組織運営を行っているのであろうか？など、化学プラントへの異常感知力の習得に関心を持った人達や無事故を継続する組織の素晴らしいマネジメント手法を共有できないか、と考えていた人達によって開発された手法です。

本手法は、「組織と個人のリスクセンスを鍛える」というスローガンの下で、モノづくり分野では、保安力向上に資する手法として化学産業から電機・電子産業へ拡がり始め、復権を模索している品質、環境、労働安全などに関するISO活動を補完する手法としての活用も始まっています。IT分野やサービス分野でも普及が始まり、医療分野でも活用例が発表され始めています。

自分達の組織の健康は自分達で維持しようと健全な組織文化の構築に取り組んでいる皆さん、ぜひ仲間や同僚と本書を基にディスカッションし、特段の新たな経営資源や体制を必要としない、この簡便な組織の自己診断法で事故などのない組織運営を実現しマネジメントの生産性向上を図りませんか。

[注1] リスクセンス：リスクセンスとは、組織を健全に運営し、リスクを最小にしていくために必要な知識・判断力・業務遂行力を総称したものをいう。

本書の読み方・活用法

1．理解と演習でリスクセンスを身に付け磨く

本書はリスクセンスを身に付け磨くことを容易にするための工夫が至るところにあります。第４章から第６章までの各項の練習問題［注：リスクセンス検定® の設問例］から入るのも一法です。取り上げられている実際の事故や不祥事の事例を見て、自社との類似性を感じることから読み始めても良いと思います。本書を読み進むと解説と練習問題が繰り返され立体的にリスクセンスを身に付けていくことができます。

2．組織での学習

本書を個人で読めば個人のリスクセンスが向上します。組織として読み進めれば、自分とは違った他人の理解や意見を認識することができ、また職位や部門の立場による視点の違いを理解することができます。リスクセンス向上を切磋琢磨することによる組織全体でのリスクセンス向上がより容易に達成できます。３職階層別の学習の視点は次のとおりです。一つ上の職階の視点も考慮して学ぶとより効果があります。

(1) 一般実務職

所属する組織の理念や方針を共有し、中間管理職の指示の下で日夜個々の職務を高いモチベーションを維持しながら遂行されていると思います。それぞれの持ち場で次々頁**表**の11のそれぞれのポイントの基本的な事柄を理解し、自分の持ち場でどう活用するか、を紹介されている事例などを参考にして具体的

に学びます。

(2) 中間管理職

所属する組織の理念や方針を共有し、その中で上級管理職から自分が所管する部署に求められている役割を承知し、高いモチベーションを維持しながら業務を遂行されていると思います。経営と実務現場を結ぶ実務現場の責任者として、11のそれぞれのポイントの趣旨を理解し、第一線の実務職の個別の業務の中でどう活用するか、紹介されている事例などを参考にして具体的に学びます。

(3) 上級管理職（会社経営を含む経営管理職）

担当する組織を健全に維持し成長させるために組織の目的を明確にして率先垂範で、良いコミュニケーションの下、組織構成員が組織の目標を達成できるような業務遂行力を維持できるよう仕組みをつくり、維持し、且つ変化に対応できるよう組織を運営されていると思います。11のそれぞれのポイントの趣旨を理解し、紹介されている事例などを参考にして担当している組織内で活用するにはどのような方法、どのような環境づくりが必要かを具体的に学びます。

3．“LCB11の診断項目”を身近に

「LCB式組織の健康診断®」法の“LCB11の診断項目”は、日常の組織のセルフヘルスケア項目として常に参照したいものです（**表**参照)。業務の遂行の過程でこれらのケア項目が浮かぶように常に身近に置いておいて下さい。

4．検定・講習会の活用

本書以外に「Web式リスクセンスの検定®」の活用を勧め

【表】「LCB式組織の健康診断®」法の“LCB11の診断項目”

診断項目	診断の視点
1．Learning	**[組織の学習態度]：組織の自立的に学ぶ姿勢**
L1：リスク管理	組織にとって新しい事柄（プラントの新設や新製品の開発など）や「B3：変更管理」で対象としない重大な事柄（プラントの大改造や生産方法の大幅な変更など）に対し、それぞれに適したリスク管理を行っているか
L2：学習態度	自他の失敗事例に学ぶ姿勢があるか
L3：教育・研修	教育・研修制度が導入され、効果を上げているか
2．Capacity	**[組織の管理能力]：自分で管理できる力がある組織かどうか**
C1：モニタリング組織	組織事故を防ぐためのトップに直結した独立した組織があるか
C2：監査	ガバナンス向上のための各種監査を実施し、組織の経営目的を達成しているか
C3：内部通報制度	内部通報制度などのホットラインがあり、機能しているか
C4：コンプライアンス	不正は許さないとか、安全はすべてに優先するという組織のトップの決意が明確にされ、実践されているか
3．Behavior	**[組織の実践度]：積極的に実践している組織かどうか**
B1：トップの実践度	組織のトップは自ら掲げた方針・目標を率先垂範し、各職階層において掲げられた方針・目標がブレークダウンされ実施されているか
B2：HH/KY	ヒヤリハット（HH）活動や危険予知（KY）活動、5S活動が効果を上げているか
B3：変更管理	組織にとって変更する事柄（プラントの改造や生産方法の変更、製品の改良など）に対し、それぞれに適した変更管理を行っているか
B4：コミュニケーション	報・連・相＋反（報告・連絡・相談を受けたときに相手に反応すること、例えば報・連・相の内容に対し、反復し同意する、反論や反発し合意形成に努めるなどを行う）の双方向のコミュニケーションが行われているか

ます。本書だけで充分なリスクセンスを身に付けることができますが、本検定を受けることにより自分に不足しているリスクセンスを定量的に把握でき、自分の弱い点を強化する学習の指針が得られます。また組織全体で受検することにより、リスクセンスのレベルを組織全体、職位間、部門間など、立体的且つ定量的に把握できます。定期的に検定を実施することにより時系列でのリスクセンスの向上度を定量的に把握できます。

また講習会も適宜開催してしています。本手法の最新の研究成果の紹介と活用方法の習得、いろいろな分野での活用状況の紹介など、リスクセンスの一段の向上を目指す方にお役に立つ内容です。検定と講習会については下記をご参照下さい。

リスクセンス研究会 ウェブサイト　URL http://risk-sense.net
検定受付事務局メール info@risk-sense.net

＜用語について＞

- 一般実務職：第一線で実務を担当されている方を想定しています。
- 中間管理職：部下を持って一つの範囲の業務を担当されている管理職の方を想定しています。主任、係長、課長、グループリーダーなどの肩書の方です。
- 上級管理職：複数の異なった性質の業務を所管されている方を想定しています。社長を含む役員、経営管理職である部長、工場長、研究所長、支店長、部門長などの肩書の方です。

目　次

リスクセンスで磨く
異常感知力

～組織と個人でできる11の行動～

化学プラント編

リスクセンスによる組織の自己診断とは

私達は“身体が健全であること”を願っています。そのために自己管理として客観的な判断を得るために体重や体温、血圧などを簡易な方法で測り、自覚できていない病気の“早期発見”、“早期治療”につなげ、身体を健康に維持しています。

皆さんが働いている組織についても同様に“組織が健全であること”が、活動する上での大切なことです。組織内の事故や不祥事を未然に防ぐには何か変だ？と感じた段階で対処することが重要です。セルフヘルスケアと同じようにいつもと違うことに気付く簡便な組織の自己診断法です。

◎本研究のきっかけ◎

本研究の提案者の一人であるＫ氏は今から15年ほど前、蒸気配管の噴破により死傷者を出した石油化学工場に勤務していました。Ｋ氏が参加した事故原因調査班は、「死亡事故の直接的な原因は作業当事者のヒューマンエラーである。しかし、コスト削減や省人化といった工場の生き残り策を進める際のまずい組織運営が当該作業担当者をエラーに駆り立てた点も反省すべきである。」と指摘しました。Ｋ氏は、このまずい組織運営の状態［**注**：本書では「まずい」を「好ましくない」、「及第点に至らない」、「正しい手順でない」などの意味として使用しています。］は日常の活動において容易に把握できていたことを事故調査の過程で確信し、この“気付き”のツールの開発研究を始めました。

食品分野から参加したＳ氏は、60年ほど前に起こしたものと全く同じ原因の食中毒事件を10年程前に起こした企業の数ある工場の内の一つの生産ライン管理者でした。事件当時の生き残りをかけた収益重視の経営方針下では、もし自分が当該生産ラインの管理者であったならば同じような組織運営をしていたと不安を感じました。生産ラインを預かる中間管理職として“品質”よりも“コスト削減”が優先すると二律背反的に受け取っていたマネジメントにどう対処していたら良かったか、研究をしていました。

本研究に協力したＮ氏は、安全成績の芳しくない生産現場から操業以来無災害を継続している生産現場に異動した際、安全成績の素晴らしい職場の特性に関心を持ち、安全を維持できるマネジメントの秘訣の研究を始めていました。

このような動機を持ったメンバー達が、自分達の職場で活用できるよう、理論と経験に基づいた誰もが簡便に活用できるQuality Control（品質管理）の七つ道具に相当するユニークな五つの道具[注２]を用いた事故のない、健全な組織運営の診断手法を開発しました。

＜活用例①　組織事故[注３]の再発防止策の進捗度を定量的に把握する手法として＞

Ａ社は９年ほど前、ファインケミカルの生産工場で重軽傷者２名を出す爆発事故を起こし、再発防止対策を取り進めています。現在、諸対策の浸透度や進捗度を定量的に且つ簡便に測る手法として、五つの道具の内の二つ、LCB式組織の健康診断®法とリスクセンス検定®を活用しています。11の項目の組織の健康診断値が、リスクセンス研究会が管理目標としている６

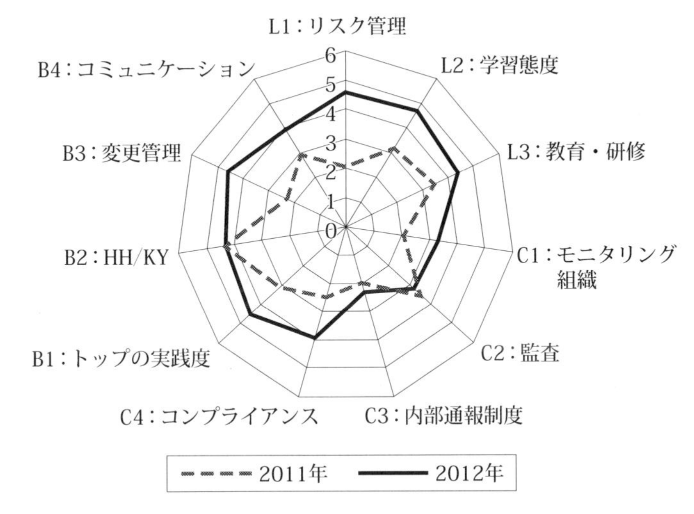

【図】LCB式組織の健康診断®結果（診断者：第一線の実務職層）

段階中の４段階以上の水準に向かって向上しているかどうか、３職階層別に定点観測しています。**図**は第一線の実務職層が診断した組織の健康診断結果です。１年間で４段階以下の項目数が、10から３に減少し、現場で肌で感じていた諸施策の成果を定量的に確認できた事例です（第７章７．２項で詳述）。

<活用例②　自社の弱みを顕在化させ、ISO活動を補完する手法として>

安全成績が芳しくないISOなどのマネジメントシステムを導入しているモノづくりの現場で、五つの道具の内の二つ、LCB式組織の健康診断® 法とリスクセンス検定® を活用し、組織運営上のまずい項目が次の六つの項目であることを定量的に顕在化させました。「C1：モニタリング組織」、「C2：監査」、「C3：内部通報制度」、「B2：HH（ヒヤリハット）／KY（危険予知）」、「B3：変更管理」、「B4：コミュニケーション」の項目です。また職位の高い管理職は、概して組織運営は適切に行っていると診断しがちで、他方、その部下は職位の高い管理職が思っているほど良い状態にはないと診断する傾向があることも定量的に明らかにしました。これらの記録文書中心の審査では顕在化していなかった情報を基に従来より質的に一段と向上したISO活動が展開できるようになっています（第７章７．３項で詳述）。

<活用例③　小集団活動とリンクさせた安全文化向上法として>

Ｃ社は日本を代表する化学会社の主要グループ会社の一つで、日常の安全活動を活性化させ、個々人のリスクセンスを高めるために全工場でリスクセンス検定® 法を活用しています。診断結果で顕在化した特に組織として強化したい「B4：コミュニケーション」や「B3：変更管理」を安全小集団活動の中で、私達が提唱する「報・連・相＋反（報告、連絡、相談を受けたことに反応すること）」に則った双方向のコミュニケーションの向上策などを織り込み、リスク抽出件数を増加させ、且つ抽出したリスク案件の質的向上を達成している事例です（第７章７．４項で詳述）。

<活用例④　自他の組織事故からリスクセンスを向上させる手法として>

私達はリスクセンスを身に付け、向上させる手法として自他の組織事故から学ぶことを勧めています。11の組織の診断項目が、６段階評価中４段階以上のレベルで組織が維持されていれば、当該の組織事故は未然に防ぐことができた、または減災できたという検証結果を発表しています[注４]。

事故の原因究明には、五つの道具の内の二つ、組織的要因まで解析するツール、VTA（Variation Tree Analysis）法となぜなぜ分析法、M-SHEL（Management-Software, Hardware, Environment, Liveware）法となぜなぜ分析法を組み合わせたツールを用います。第８章で詳述している事例の一つを紹介します。

石油化学コンビナート内のプラントが、他プラントのトラブルの影響を受け、緊急停止することになり、その操作の途中で火災事故を起こした事例です。11の組織の診断項目のうち六つの組織行動の重要性を検証しています。VTA法の解析結果から、火災に至るまでの非定常の運転操作の内、操作マニュアルと異なるまずい操作、即ち、正常に作動していたインターロックを解除し、より早くプラントを静止させようとした操作を浮き上がらせました。この通常行わない操作がどういう組織的背景の下で行われたか、その要因をM-SHEL法で解析しました。その結果、現場での適切でなかった運転操作の原因は事故報告書に記載されている再発防止策、①ライン管理者が現場に集中し、しっかり現場のマネジメントができるようにする対策と、②技術力の向上と技術伝承を確実に行える対策の両方の対策のベースになっている改善すべき事柄、即ち11の組織の診断項目のうち六つ（「L1：リスク管理」、「L2：学習態度」、「L3：教育・

研修」、「C4：コンプライアンス」、「B3：変更管理」、「B4：コミュニケーション」）が、私達が維持してほしいと設定している管理レベルより低いレベルであったから、と顕在化させました。

第１章では最近の組織事故の特徴について概説し、組織事故は予兆を容易に把握可能で防ぐことができることを示します。第２章では、組織事故がなぜ起こるか、発生するメカニズムを五つの道具の一つ、防護壁モデルを用いて説明し、日常の組織運営の中で防護壁の劣化に早く気が付き、対応することで組織事故を防止できることを示します。このモデルで昨今話題になっている想定外の事象に対応する手法も示します。第３章では防護壁の劣化に具体的に気付く手法、リスクセンス検定®を紹介します。第４，５，６章で、日常、予兆管理すべきとして挙げた11の防護壁について、その劣化に早く気が付き、対応する力を組織と個人がどのようにして身に付け、保ち、鍛えるか、その手法を紹介します。第７章では本手法の活用事例を紹介します。第８章では劣化した防護壁を顕在化させる手法、VTA法とM-SHEL法を習得します。併せて事故の解析事例も紹介します。第９章では私達が顕彰しているGood Risk Sense Awardの受賞例を紹介します。

[注2] 五つの道具は以下のとおり。

①VTA法：エラーや事故、不祥事などの原因を解析する際に組織的要因まで解析する手法（第８章）

②M-SHEL法：エラーや事故、不祥事などの原因を解析する際に組織的要因まで解析する手法（第８章）

③LCB式組織の健康診断® 法：11の組織運営上の管理項目で簡便に組織の状態を３職階層で診断する手法（第３章）

④リスクセンス検定®：簡単に組織と個人のリスクセンスを測る手法（第３章）

⑤防護壁モデル：組織内でエラーや事故、不祥事などが発生するメカニズムを表したモデル（第２章）

[注3] 組織事故とは、個人のエラーや違反が引き起こしたとみなされるトラブル、事故、不祥事などの内、個人をそのような行動や判断に駆り立てる組織的要因が存在して発生したトラブル、事故、不祥事などを総称する。

[注4] 検証結果は、例えば以下のシンポジウム他で発表しています。

中田邦臣：「組織の健康診断による現場力のセルフチェック」［第36回2014産業安全対策シンポジウム予稿集（P. S-3-3～S-3-20）主催　日本能率協会他、東京、2014年2月26日）］、

大内 功 他：「最近のコンビナート事故の再発防止に向けて－リスクセンスの視点からの考察－」(安全工学シンポジウム2013、主催　安全工学会他、東京、2013年7月6日）

【引用・参考文献】

1）リスクセンス研究会：「個人と組織のリスクセンスを鍛える」、大空社（2011）

2）「組織行動と組織の健全性診断システム」に関する研究成果報告書　～「LCB式組織の健康診断」によるセルフチェックシステムの開発～（2011）、東京大学、LCB研究会

3)「組織行動と組織の健全性診断システム」に関する研究成果報告書　～「LCB式組織の健康診断」によるセルフチェックシステムの開発～（2014）、東京工業大学、LCB研究会

第１章

組織事故は防ぐことができる

1.1　最近の組織事故の特徴

LCB式組織の健康診断® 法を開発する際に、2000年前後以降に起きた業種を越えた組織事故の事例解析を行いました。そこで事故や不祥事の当事者となった個人に大きな影響を与えた組織の重要施策とその施策から誘発されていた組織内の結果的に適切でなかった事象の特徴を明らかにしました（**表1－1**参照）。

取り上げた組織事故には大きな特徴が見られます。それは、

【表1－1】事例解析を行った主な組織事故とその原因となったマネジメント上のまずい事象

年	産業分野	組織事故	事故などの当事者に大きな影響を与えた施策	組織内のまずい事象
1999	原子力	開発プラント向けの核燃料を生産中に臨界事故	行き過ぎたコスト削減と省人化	現場感覚を有する人材不足
2000	食品	食中毒	行き過ぎたコスト削減	現場感覚を有する人材不足
2000	原子力	メンテナンスデータ偽造	行き過ぎた納期厳守	コンプライアンス意識不足
2003	化学	メンテナンスデータ偽造	行き過ぎたコスト削減と省人化	コンプライアンス意識不足
2003	石油精製	メンテナンスデータ偽造	行き過ぎたコスト削減と省人化	コンプライアンス意識不足
2007	化学	スタートアップの準備中に火災爆発事故	行き過ぎたコスト削減と省人化	現場感覚を有する人材不足
2009	医薬品	品質データ偽造	行き過ぎた納期厳守	コンプライアンス意識不足

（表1－1続き）

年	産業分野	組織事故	事故などの当事者に大きな影響を与えた施策	組織内のまずい事象
2011	原子力	巨大地震と津波が遠因のメルトダウン・爆発事故	権威に基づく安全順守	現場感覚を有する人材不足
2011	化学	急激なロードダウン操作の途中で火災爆発事故	行き過ぎたコスト削減と省人化	現場感覚を有する人材不足
2012	化学	他プラントのトラブルに伴う緊急停止の操作中に火災爆発事故	行き過ぎたコスト削減と省人化	現場感覚を有する人材不足
2012	化学	貯蔵タンクのテスト運転中に火災爆発事故	行き過ぎた省人化	現場感覚を有する人材不足

バブル崩壊後の景気が低迷した時代の事例で、且つ事故時に取り扱っていた製品の多くがそのライフサイクル上、成熟期にあったということ。そしてこの成熟期の厳しい事業環境（**表1－3**参照）下で**表1－2**に示す安全意識の経験則を頭では承知していたものの、結果的に行き過ぎた適切でなかった組織運営があり、**表1－1**に記載されているようなまずい事象が起きたという特徴です。

【表1－2】安全意識の経験則

1. 事故や事故に類する事象が身近に発生しないと薄れる
2. 安全への意識を上昇させることができるのは、身近な事故の体験と擬似体験すること

【表１－３】製品のライフサイクルが成熟期にある場合の事業環境

1．成熟期に生産される製品の特徴は、市場は飽和状態で、製品の差別化が小さくなり、価格競争が厳しい。
2．生産現場では生産工程は安定し、長期間の安定生産が続くことから、現場に配属される人は、勃興期や成長期に配属された人に比べれば、極端に人数が少なく且つトラブルや製品改良の経験も少ない。
3．このような環境下で配属された人に対し、価格競争が厳しいことから経費節減を重点にした施策がとられる。
4．2006年に起きたリーマンショック以降は、収益力回復のための更なる合理化施策が優先されていて、突然出くわす非定常な状態に対しては、人的資源は量、質共、ぎりぎりの状態での対応を余儀なくされていた。

1．2　組織事故の予兆は把握できる

これらのまずい事象は、日常の組織の運営の際に問題意識を持って観察していれば誰でも容易に気が付くことができた事象であることを以下に示します。

「過度の省人化」により「現場感覚を有する人材不足」の状態となり、組織運営上の重要な管理項目である「変更管理［**注:** LCB式組織の健康診断® 項目の一つでB3に位置付けられている］」が機能しなくなった事例です。

事故が起きた生産現場では、生産する製品の成長期に適正な要員と職務遂行のために必要な管理・規程類などを準備し営業運転に入りました。二度の石油ショックを経て成熟期に入ると、生産設備が長期にわたって安全・安定運転を継続していたことと厳しいコスト競争に打ち勝つために更なるコスト削減が不可欠となり省人化策が強化され続けます。省人化した直後は生産現場の経験者が多く在籍していますので、運転に関する業務の面では大きな問題は起きません。しかしそれ以外の多くの業務に影響が出始めます。変更管理業務が機能しなくなった例で事故に至った過程を**図１－１**に示しています。現場では、厳しい競争に打ち勝つために常に効率化が求められ、"変更"事項は多く発生します。省人化が進むと、これら"変更"事項を全員に周知徹底させるための時間は意識して確保しないと次第に十

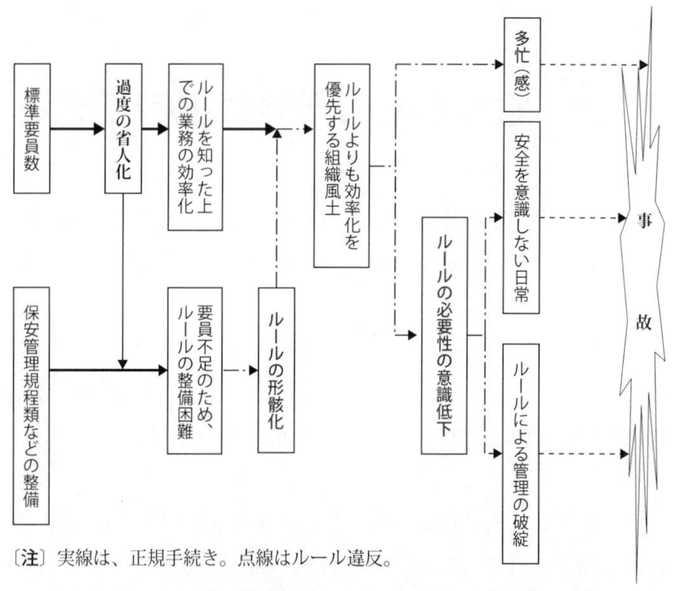

【図１－１】過度の省人化による「変更管理」の機能不全が事故誘発の要因となる過程

分確保できなくなります。

時間が確保できなくなった事象の例で説明します。生産設備の運転操作室では、保管されているマニュアル類には新旧の内容が混在するようになり、常に最新の操作がどれか、確認して作業することが求められるようになります［**注**：これが常態化するとマニュアルは順守されなくなり形骸化します］。職場では省人策と人事異動が継続されますので、当該生産設備の運転経験の豊富な人は次第に少なくなっていきます。新しく配属になった人は管理・規程類が整備されていない状況下では、属人的な視点で業務を遂行しがちになります。相変わらず多忙な状態は続きますので、当該現場で業務を遂行するに必要な現場感覚が不足した行動が見られるようになり、多くの好ましくない行動や事象が重なって起きるようになります。

表1－1の現場感覚を有する人材の不足は、こうした過程を経た場合が多いことをそれぞれの事故調査報告書から知ることができます。1999年の臨界事故では、国に申請した操作手順を変更し、その後の操作手順の変更が周知徹底されなくなり、属人化した運転操作で臨界事故が発生したと指摘されています。化学分野の事故も似た事象で事故に至ったと事故調査報告書から読みとれます。2007年の事故は、プラント停止時の弁の開閉状態の管理方法が当該プラントの操業開始時と異なった管理方法に変更になっていましたが、運転担当からメンテナンス担当に至るまで、周知徹底していなかったことが指摘されています。2011年の事故は、急きょ大幅なロードダウンに直面した際の非定常運転時の運転操作法が、当該現場の管理職以下

運転員に周知徹底されていなかったことが原因の一つと挙げられています。2012年の火災爆発事故もプラントの緊急停止という運転操作法が、当該現場の管理職以下運転員に周知徹底されていなかったことが原因の一つと挙げられています。同年のテスト中であった貯蔵タンクの事故では、それ以前に行われた同じテストの結果が周知徹底されていなかったことが事故原因の一つと挙げられています。

変更管理が維持できているか？管理・規程類は最新版のものになっているか？現場感覚を有する人材が足りないのではないか？これらのあるべき姿になっていない事象に気が付いた人が職場内でこれら問題点を気楽に話題に出し、対策を取ろうと話し合うことができるか？などは、日常、「コミュニケーション［**注**：LCB式組織の健康診断®項目のB4］」をよくし、「変更管理［**注**：同じく健康診断項目のB3］」と「教育・研修［**注**：同じく健康診断項目のL3］」の仕組みが機能していれば、誰もが容易に気が付くことができる事象です。大きな事故の予兆は、日常の少しの注意意識を持つことで誰でも容易に把握できることを実感して頂けたと思います。

1.3　組織事故の予兆管理法

ここ数年頻発した化学工場での事故を防ぐためには「労働安全衛生マネジメント」、「環境マネジメント」、「品質マネジメント」、「事業継続マネジメント」などの特化したマネジメントシステムだけでは不充分であったとし、これら断片化したマネジメントシステムを一貫した経営の中で運用しようとする動きがあります。

また3.11東日本大震災での大地震と巨大津波による災害とその際の東京電力福島第一原子力発電所での爆発事故を機に安全への取組みの見直しが始まっています。特に安全の前提と置いていた“想定していること”に基づく確率論と決定論の双方とも限界があるとして、“想定外のこと”にも対応できる新しいパラダイムを模索する動きも活発です。

LCB式組織の健康診断® 法は、後述、第３章３．１ 組織と個人のリスクセンスの項で上記の課題の解決策として提案されているマネジメントシステムの統合化の視点に資することを、第２章２．１ 組織事故の発生するメカニズムの項で想定外への事象への対応策を含んでいることを示します。**表１－４**に示すとおり、日常生活でのセルフヘルスケアに倣って組織のセルフケア法と位置付けていて、化学産業界で種々の取組みが行われている「保安力向上」活動に資する手法であることも容易に理解

【表１－４】保安力自主評価とLCB式組織の健康診断® との位置付け

診　断	人	組　織
セルフヘルスケア	体温、血圧、体重、頭痛	LCB式組織の健康診断®
定期健康診断	血液検査、X線撮影、尿検査	会計士による監査ISO、内部監査（保安力診断）
精密検査	胃カメラ検査、MRI	税務監査、立入り監査、コンサルタントの診断、保安力診断

して頂けると思っています。

LCB式組織の健康診断®法で組織を健康な状態に維持できていることを確認していれば、大きな事故や不祥事は起きない、仮に起きたとしても初期の段階で対応できます。また１年毎に定期的に実施される業務監査、会計監査やISOなどの審査には特別な準備をしないで臨むことができることも容易に理解して頂けると思います。

【引用・参考文献】

1）リスクセンス研究会：「個人と組織のリスクセンスを鍛える」、大空社（2011）

2）松尾英喜：「三井化学株式会社の抜本的安全に向けた取組」、第45回災害事例研究会予稿集（主催　NPO安全工学会）東京、2013年７月14日

3）楠神　健：「鉄道の安全とヒューマンファクター」2014産業安全対策シンポジウム予稿集（主催　日本能率協会）、東京、2014年２月27日

4）「組織行動と組織の健全性診断システム」に関する研究成果報告書　～「LCB式組織の健康診断」によるセルフチェックシステムの開発～（2011）、東京大学、LCB研究会

5）「組織行動と組織の健全性診断システム」に関する研究成果報告書　～「LCB式組織の健康診断」によるセルフチェックシステムの開発～（2014）、東京工業大学、LCB研究会

Column ①

異業種・異次元の事件・事故報道から学ぶ

美白化粧品白斑問題、論文ねつ造疑惑、作曲家のゴーストライター発覚によるＣＤ販売中止、議員の政務活動費不適切使用、議会のセクハラやじ、通信教育事業会社の個人情報大量漏洩、外食チェーンでの期限切れ肉使用など、最近、世間で騒がれた事件・事故は、当事者の規模も分野も経済や市民生活への影響も様々です。「わが国の信頼性を揺るがしかねない」大問題からモノマネのネタ程度のものまで千差万別。マスコミやネットユーザーの取り上げ方も様々です。

「マスコミの過剰報道は無意味」「ネットは悪口ばかり」と、世間の騒ぎから距離を置くのは大人の対応でしょう。しかし、ただ傍観しているだけではもったいない。なぜなら、マスコミ報道にもネットのゴシップにも、「リスクセンスを身に付け、磨き、鍛える」ヒントがあふれているからです。

新聞やテレビ、雑誌の記者は趣味で事件・事故を追っているわけではありません。マスコミ報道は、読者・視聴者つまり世間の人々の興味関心を反映しています。社会が求める情報は、①何が起きたか（現状）、②なぜ起きたか（原因）、③今どうするのか（復旧対策、補償）、④将来どうすれば良いのか（再発防止策）の４ポイントです。当事者が社会のニーズに気付かず、記者から逃げ、説明を避ければ報道は続きます。報道が長引けばネットのうわさも拡大します。逆に、すべてを速やかに公表すれば騒ぎは終息します。

自分達とは違う業界で起きた事故でも、一見馬鹿馬鹿しい卑近な事件でも、報道やネットの動きを注意深く観察してみて下さい。当事者のリスクセンスの有無、対応技術の巧拙がわかります。そして、自分達が学ぶべきことも見えてくることでしょう。

第2章
組織事故は なぜ起きるか

2.1　組織事故の発生するメカニズム

大きな事故や不祥事が起きると事故の関係者や学識者からそれぞれの主張する立場で事故原因究明の調査結果が発表され、なぜ事故が起きたか、が論ぜられます。しかしこれらの事故発生メカニズムとそれに基づく対策は、当然ですが一般化されているケースが少なく、他山の石として学ぶことが難しい記述になっています。社会科学の分野で、事故に関与した組織構成員へのアンケート調査により相関の強い組織要因を共分散構造分析し事故の発生メカニズムを組み立てるという研究が見られます。組織事故の発生に関する因果モデルが発表されていますが、これら発表された多くのモデルを俯瞰した汎用的な事故の発生メカニズムは未だ発表さていません。

広く行われているJ. Reason（イギリス）の「スイスチーズ」モデルと呼ばれている組織事故の発生モデルをベースにした研究では、組織は組織運営に潜む危険が顕在化して事故に至らないように幾つかの防護壁、即ち管理ルールを設けていますが、この防護壁は現実的にはほころんでいて、穴が存在し、これらの穴が偶然に重なり合う事象が起きることで事故が発生するとしています。しかしこのあいている穴をどう探して、且つ防ぐか、の手法が明確にされていません。

LCB式組織の健康診断®法はこの「スイスチーズ」モデルの課題を解決し、且つ**図2－1**に示すように「防護壁」モデルと言い換えて第一線の現場で簡単に活用できる手法です。言い換えた理由は、次の四つです。

① 日本の社会では穴のあいたスイス産のスライスチーズに馴染みがないことから身近な組織事故の発生モデルとして感じることができなかったこと
② 防護壁モデルと称すれば、多くの職場で実施されているヒヤリハット（HH）活動の個々の事例が、防護壁が１枚または２枚破られて生じる事象とみなすことができること
③ ハインリッヒの法則における１件の重大事故は、ある危険を想定して構築した幾つかの防護壁自身にあいている穴を貫通する事象が同時に重なったときに起きること、その背後で29件起きるといわれている中規模のトラブルや事故は、防護壁が複数枚重なって機能しなかった事象で起きること、300件起きている微トラブルは防護壁が1,２枚機能しなかったから起きるとみなすことができること
④ マンネリ化しやすいHH活動、KY活動や５S活動などを理論的背景の下で高いモチベーションを持って推進できると考えたこと

このモデルでは、想定外といわれる事故の当事者にとって、初めての事象には自分の不知によって起きた場合と、誰にとっても未知であった場合の二つのケースがあり、特に前者の想定外を極力無くすよう、日常の教育を始めとした諸施策でこのような事象が再発しないよう努めるマネジメントの重要性を強調しています。

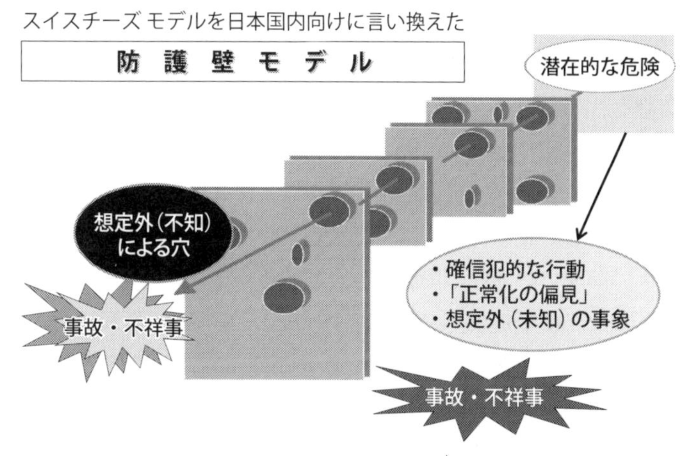

【図２－１】組織事故の発生モデル

図２－１に示した防護壁モデルでは、J. Reasonが「潜在的原因による」とし、具体的な対応法を詳述しなかった事柄を、具体的な行動例として、①確信犯的な行動、②防護壁の存在を無視し自分だけは事故を起こさないと考える「正常化の偏見」に基づく行動、③未知の想定外の三つの事象から発生するとし、これらの管理も含めています。また「ほころびによる穴」とした防護壁にあいた穴については、①組織が設ける防護壁は、元々経営資源が限られていることから大きさも形も異なり、且つ不完全で穴があいていること、②組織自身の不知が原因で想定外の穴があること、③これらの穴は経年劣化で増えたり、大きくなる、としています。

防護壁には、３種類の防護壁が存在すると考えます。化学系企業の場合を例に具体的に紹介します。一つは、自社で扱う化学品に関し行政側から厳守するよう求められている管理事項、例えば、消防法、高圧ガス保安法などを遵守するために設ける防護壁、二つ目は、その法律に則して自社では具体的にどう管理し、どう取り扱うか、例えば、マニュアル類などに相当する防護壁、三つ目は、自分達の組織を健全に発展し続けるために設けている防護壁、例えば、就業規則から始まり組織に所属する人の職場での朝礼の実施やいろいろな作業開始前の安全確認ルールなどに至るまでの諸管理ルールなど。

この防護壁モデルにしたがえば、組織事故が起きた職場では、設けていた防護壁が機能しない幾つかの事象が重なって起きたからか、または防護壁をかいくぐった事象が起きたからと容易に理解できます。

2.2　組織事故を防ぐには

(1) 組織事故の再発防止

再発防止は、機能しなかった防護壁を顕在化させ、対応策を策定し実施することです。

ただ従来の事故の原因解析手法であるFTA（Fault Tree analysis）法、FMEA（Failure Mode and Error Analysis）法などでは、機能しなかった防護壁の組織の要因を顕在化できない場合があります。そこで以下の三つの解析手法を使用することを勧めています。

航空分野や原子力分野の関係者で開発されたVTA法となぜなぜ分析法の組み合わせとM-SHEL法となぜなぜ分析法を組み合わせた二つの解析手法は、化学業界を含め広く産業界で普及している手法です。日本の医療分野で使用され始めた米国の退役軍人病院で開発されたRCA（Route Cause Analysis）法も最近大きな事故が起きると産業界で使用され始めています。これらの手法の使い分けは以下のように勧めています。例えば起きた事故が一つの課とかグループの中の組織運営のまずさが主原因で且つ短期間内に起きたと推定できる場合はM-SHEL法を、事故原因が複数の課とかグループにわたり、且つ長期間の組織運営のまずさで起きたと推定される場合はVTA法を、RCA法は全社の組織運営に事故原因を求める場合などの大きな事故や不祥事の際に使用します。

これらの解析手法を使用し、機能しなかった防護壁を顕在化させ、防護壁を修復するか、当該防護壁を撤去し新たな防護壁を設けたりして、防護壁が劣化しないよう努めることが再発防止策となります。機能しなかった防護壁の組織的要因を顕在化させる際のヒューマンエラーの考え方を次に記します。

事故や不祥事には直接的にまた間接的にヒューマンエラーが存在します。私達は、このヒューマンエラーには２種類あると考えています。一つは、業務を遂行する際、ある環境下に置かれれば犯しやすいヒューマンエラーで、組織としてそのような職場環境にならないよう努めるヒューマンエラーです。もう一つは、人が生まれ持っている性格による犯しやすいエラー、いわゆる一人ひとりが自分は“ドジ”タイプとか“ボケ”タイプとかを自覚し防ぐことが求められるヒューマンエラーです。私達は事故や不祥事の事例の解析から、防護壁が機能しなかった原因の多くが前者のヒューマンエラーによる場合が極めて多いことに気が付き、人をそのようなエラーに駆り立てやすいマネジメントの問題点の抽出に努めました。**図２－２**に掲げた「劣化しやすく常に診ていたい防護壁」は、例えば行き過ぎた省人化や過

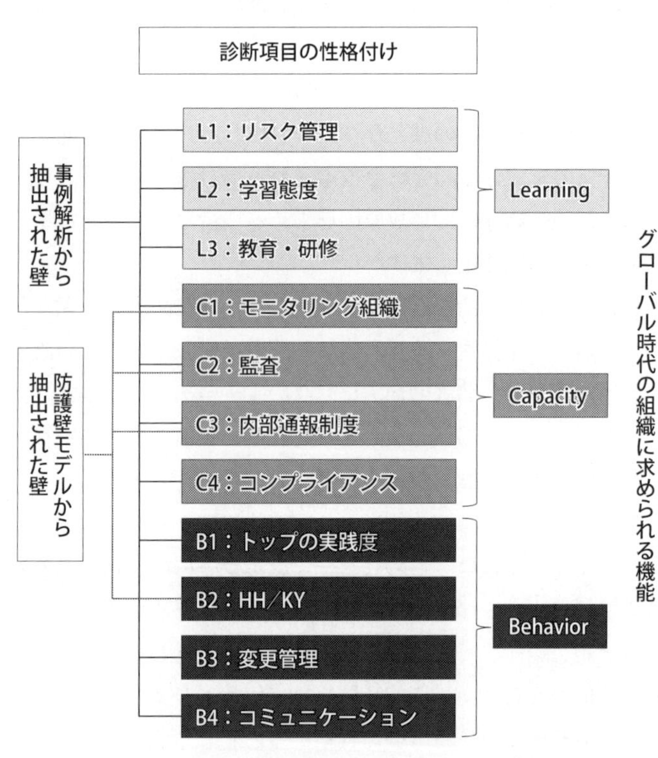

【図２－２】劣化しやすく常に診ていたい防護壁

度のコスト削減策などにより駆り立てられて生じたヒューマンファクターにより結果として機能しなくなるマネジメント項目の例です。

(2) 未然防止

未然防止策は、防護壁モデルにしたがえば、組織運営の中でいつもと異なる事象、防護壁の劣化に何か変だ？と早く気が付き、適切に対応する組織風土を維持することといえます。何か変だ！と早く気が付くには、少なくとも劣化しやすい防護壁とそれらの防護壁の維持すべき状態が組織全体で共有されていること、そして組織に所属する人の何か変だ？と早く気が付くレベルをある一定のレベル以上に維持することが必要となります。

劣化しやすい防護壁は、業種を越えた事故や不祥事の事例解析から11個ピックアップしました。これは、自分の健康を日常管理するセルフヘルスケアに相当する項目数程度で組織のセルフヘルスケアすることを目的としたからです。したがい、11の防護壁が機能していることを日頃から確認していれば、1年に1回行われる業務監査や会計監査、ISOなどの審査は特段の準備をしないで日常通り業務を遂行していて終えることができると考えています。

11の項目は、現在のグローバル経営下の組織運営に求められている三つの機能、学習する機能（Learning)、自らを律する機能（Capacity)、実践する機能（Behavior）でまとめています（**図2－2**参照)。

そしてそれぞれの防護壁の劣化の診断を6段階診断とし、6段階目が理想的な組織運営の状態、1段階目があってはならない状態とし、この6段階評価中4段階目以上の状態で組織が運営されていれば、11の防護壁の穴が同時に貫通するような事象が起きる可能性は極めて小さい、1，2の防護壁の穴を貫通する事象による事故や不祥事の起きる可能性はありますが、大きな事故や不祥事には至らないとしています。

11の項目をベースにした私達が目指すモノづくり分野の組織運営の状態を**表2－1**に示します。

【表2－1】実現したいリスクに強い組織運営の状態

①組織のトップは、組織を健全に維持し成長させるために組織の目的を明確にして（B1：トップの実践度）良いコミュニケーション（B4：コミュニケーション）の下で組織の構成員が組織の目標を達成できるような業務遂行力を維持できるよう仕組みをつくり、維持し、（L3：教育・研修、C4：コンプライアンス）、且つ変化に対応できるよう（B3：変更管理）組織を運営している。特に組織運営上のリスクへの対応（L1：リスク管理）に対し、過去の失敗に学ぶ（L2：学習態度）ことと身近に起きる小さいエラーに注意を払う（B2：HH/KY）と共に、エラーが起きないようにまた起きた場合、直ちに対応できるよう（C1：モニタリング組織、C2：監査、C3：内部通報制度）組織運営している。
②11項目の組織の診断点が、6段階評価で4[注]以上であること
［注：6が最も良い状態］
③診断する個人のリスクセンス度が100を理想の状態として60以上であること、L、C、Bの各項目で100を理想の状態として60以上であること

また個別の項目の診断例としてコミュニケーションの例を**表2－2**に紹介します。

表2－1の中の③に「診断する個人のリスクセンス度が100を理想の状態として60以上であること、L、C、Bの各項目で100を理想の状態として60以上であること」の要件が、何か変だ？と早く気が付く個人に求められるある一定以上のリスク

【表2－2】組織診断のリスクセンス度診断シート（6段階診断）

B4：コミュニケーション
目標とする状態（6点）

組織のトップが積極的に組織のメンバー（協力会社を含む）との対話に努め、組織内の「報・連・相＋反（報・連・相に反応すること）」が習慣づけられていて、組織のメンバーがプレッシャー（生産優先、財政優先、スケジュール優先など）の状況下でも、上位者に意見具申できる組織風土ができている。また各種の活動も全員参加で行われ組織のメンバーの向上心は高い。

5点　⇒　もう少し反（報・連・相に反応すること）があると良い
4点　⇒　反がない状態
3点　⇒　報・連・相が習慣づけられていない
2点　⇒　コミュニケーションが不充分
1点　⇒　コミュニケーションの機会がない

センスレベルを示しています。このレベルは、セルフヘルスケアで朝起きて頭が痛い場合、二日酔いが原因か、風邪か、疲れか、その事象に通じていればすぐ起きている頭痛におおむね適切な判断と対応ができると同じように、組織のいつもと異なる何か変だな？と気が付いた事象の原因を適切に見つけることができるレベルと考えています。

現在、提案している11の項目とその診断基準のその有効性について2008年以降に公開された事故調査報告書で検証を続けていますが、11項目の診断項目が、6段階評価中4段階以上のレベルで組織が維持されていれば、事故や不祥事は未然に防ぐことができた、または減災できたという検証結果を得ています。

【引用・参考文献】

1) リスクセンス研究会：「個人と組織のリスクセンスを鍛える」、大空社（2011）
2) 山本富夫：「組織のレジリエンシー強化と経営革新のための新しいISOマネジメント」JACO NEWS Vol.25、2013、October、P4-5、
3) 柳田邦男：「原発事故 私の最終報告」、文藝春秋、2012年９月号、P165
4) 例えば、本間道子 編：「組織性逸脱行為過程～社会心理学的視点から～」、多賀出版（2007）、岡本浩一、鎌田晶子 著：「属人思考の心理学」、新曜社（2006）など
5) J. Reason：組織事故　邦訳　高野・佐和　日科技連（1999)
6)「組織行動と組織の健全性診断システム」に関する研究成果報告書　～「LCB式組織の健康診断」によるセルフチェックシステムの開発～（2011）、東京大学、LCB研究会
7)「組織行動と組織の健全性診断システム」に関する研究成果報告書　～「LCB式組織の健康診断」によるセルフチェックシステムの開発～（2014）、東京工業大学、LCB研究会
8) 石橋　明：「事故は、なぜ繰り返されるのか」、中央労働災害防止協会（2006）

Column 2

内田嘉吉 著『安全第一』を読む

Safety Firstが「安全第一」と訳されて来年（2016年）で100年になります。逓信省次官であった内田嘉吉は、海外視察で知り得た「Safety First」の下で展開されていた産業安全や交通安全の活動を工業化時代を迎えていた日本の産業界に紹介すべく『安全第一』と題し、執筆しました。縁あってこの現代表記本の出版[注]に携わり、日本の社会に導入された「安全第一」の原点に立ち返る機会を得ました。

当時の日本は、急成長した石炭産業、鉄鋼業を中心に労働災害の防止が最重要施策の一つとなっていました。内田の企業や従業員への安全第一の呼びかけは、100年近く経た今日でも当時の形を残して実施されているものが多いことに気が付きました。

この100年の間に安全施策は、ハードウエア、ソフトウエアおよびヒューマンウエアの視点、更にはそれらの上位にある組織運営の視点からの低減施策へと高度化してきていることと「マニュアル順守で安全は実現できる」の考えで一貫していると感じました。今日までの安全活動は、組織も個人も安全を維持することは生産性の向上につながるという面が強く出ていて、その上位にある「人が自ら考えて行動することにより、社会も組織も個人も安全である」という価値観が足りなかったのでは、ということに気が付きました。

「防護壁モデル」に基づく事故の発生メカニズムで防護壁の劣化するリスクへのセンスを養い、安全を実現する視点の研究は、安全の本質を衝いていることを確信しました。安全第一の本質が何であるか、考え直す良い機会となりました。

[注]「安全第一」に学ぶ会編：『内田嘉吉「安全第一」を読む』、大空社（2013）

第3章

リスクセンス

3.1　組織と個人のリスクセンス

個人として何か変だ！と気付く良いリスクセンスを有していても、組織としてその事象を共通認識でき、対応する力を有していなければ、その何か変だと感じた事象は放置され事故や不祥事に発展してしまうかもしれません。個人の視点と組織の視点のリスクセンスが同時に良い状態であることが必要です。

3.1.1　組織のリスクセンス

組織のリスクセンスは、組織が健全に運営されている状態を第２章 **表２－１**のように定義し、この状態から逸脱した状態を「11の防護壁の劣化が進み、それらの診断値が６段階診断の内、維持していたい段階としている４段階を下回っているかどうか」と３職階層間（後述）の診断値のバラツキの大小」で測ります。所用時間は20分程度です。診断シートは１項目１葉で、「B4：コミュニケーション」の例でその概要（第２章 **表２－２**）を紹介しています。

この組織診断法は、**表３－１**に示すように現在多くの組織に個別に導入されていますISOなどのマネジメントシステムをカバーしており、これらのマネジメントシステムを補完する手法としての活用が始まっています（活用事例は第７章参照）。

この組織のリスクセンス測定法は、研究成果から次の３点を

【表3－1】LCB式診断項目（基準）はISOなどマネジメントシステムの項目を包含

LCB式	**RMS** ISO31000	**BCMS** ISO22301 /BS25999	**ISMS** ITシステム ISO/IEC 27001	**内部統制** J-SOX	**EMS** ISO14001	**労働安全** OHSMS OHSAS	**QMS** ISO9001	**SR・CSR** ISO26000 企業行動憲章
L1：リスク管理	○	○	○	○	○	○	○	○
L2：学習態度	○	○	○	○	○	○	○	○
L3：教育・研修	○	○				○		
C1：モニタリング組織	○	○	○	○	○	○	○	○
C2：監　　査	○	○	○	○	○	○	○	○
C3：内部通報制度	○			○				○
C4：コンプライアンス	○	○	○	○	○	○	○	○
B1：トップの実践度	○	○	○	○	○	○	○	○
B2：HH／KY			○			○		
B3：変更管理	○		○	○	○	○	○	
B4：コミュニケーション	○	○	○	○	○	○	○	○

織り込んでいます。

① 実務に近い仕事をしている人ほど、また実務に精通している人ほど、組織のまずい点を精確に把握している傾向が強いこと

② 匿名性が保たれない状態で組織診断を行った場合、診断する人は自身が感じているとおりの診断結果を提出するというよりは、診断結果を管理する上位職者の目を意識した診断結果を提出しやすい傾向にあること

③ 組織診断を全員で行うことは好ましいが、実際面で難しい場合にも対応できるよう、ランダムに受診者を選んで実施できる統計的推測の手法を活用すること

上記①の点は一般実務職とその上司の中間管理職、さらにその上司の上級管理職の三つの職階による診断方式とし、②の点は匿名性を保つためにWeb方式で組織診断を行う場合は受診者に付与するIDの付与方法に工夫をこらし、ペーパー方式の場合は無記名方式としています。③の点については３職階層の診断データが、既存の知られている分布、例えば正規分布のような分布から母集団である受診組織全体を推測できるような性質のデータでないことから、ウィルコクソンの順位和検定を活用し職階層間のデータの有意差の判定をするなどしています。

診断結果の報告は、個人受診した場合は個人宛てに、団体で受診した場合は受診者個人宛てに個人診断結果を、組織宛てには組織診断結果を送付します。個人宛ての報告は、個人が診断した対象組織の状態に対し、３.２項で測定する個人のリスク

センス度（後述）に応じたコメント、即ち、研究成果であるリスクセンス度が高い人は実態に近い診断をしているとの視点からの、また低い人は診断が甘い傾向にあることを勘案したコメントを付し、受診者が自らの診断結果を組織運営の中で活用できる内容としています。組織宛ての報告書の内容は、３．２ リスクセンス診断例の項で紹介します。

３．１．２　個人のリスクセンス

本組織診断法を開発する過程で、11の診断項目に精通している人ほど組織の実態を精確に診断をしている傾向が強いという研究成果を得ました。そこでこの個人の11の診断項目への精通度を個人の「リスクセンス度」と称し、組織診断の結果を考察する際に前述したとおり反映させています。個人のリスクセンス度の測定は、11の診断項目に関する知識力やリスクが潜んでいる事象への気付き力と実際に起きた事故や不祥事の事例に基づく事象への対応力から測ります。25の設問で測り、少なくともこれだけは身に付けていてほしいとしている基本的なリスクへの対応力を測る11の設問を含んでいます。25問は、３職階層毎に設定されています。維持してほしい個人のリスクセンス度は、25の設問（１問４点）であることから100点満点中、60点以上としています。所用時間は40分です。

第４，５，６章で11の組織診断項目毎にリスクセンス検定向けの練習問題を用意していますので挑戦して下さい。

素晴らしいリスクセンスを有する人には認定制度を設け、総得点で76点以上で且つ基本的な設問で36点(11問中９問正答)以上有する人を認定者として顕彰しています。

団体受診した個人（認定者：総得点76点で且つ基本的な設問で44点）のリスクセンス度の測定結果の例を**表３－２**、**図３－１**に紹介します。

個人宛てのリスクセンス度測定結果報告シートは、総得点に応じた総合評価、L（学習態度）、C（自律する力）、B（実践度）毎の得点に応じた評価、また11の基本事項の内で何が不足し

【表３－２】個人のリスクセンス度の測定例（組織、全国平均と比較）

	個人の得点	組織［注：94人の団体として受診］の平均値	全国（2014年２月時点）の平均値
L（32点満点）	24点（75.0%）	15.8点（49.4%）	16.1点（50.5%）
C（28点満点）	24点（85.7%）	13.2点（47.2%）	14.0点（50.1%）
B（40点満点）	28点（70.0%）	23.0点（57.6%）	23.0点（57.5%）
総得点（100点満点）	76点（76%）	52.0点（52%）	53.1点（53.1%）

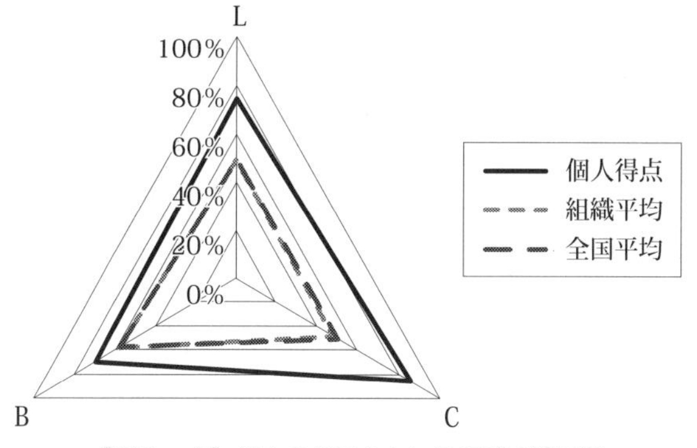

【図３－１】個人のリスクセンス度測定結果例

ているか、を記載し、受診者の今後のリスクセンス向上活動に資する内容を記載しています。

リスクセンス研究会では、上述した組織のリスクセンスと個人のリスクセンス度を同時に測定する仕組みを**図3－2**に示すようにリスクセンス検定®と名付けています。

リスクセンス検定®の受検については、リスクセンス研究会ウェブサイトURL http://risk-sense.net および検定受付事務局（info@risk-sense.net）へお問い合わせ下さい。

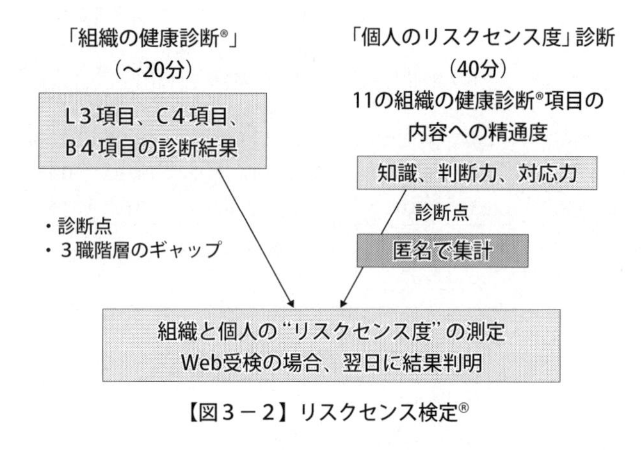

【図3－2】リスクセンス検定®

3．2　リスクセンス診断例

団体で組織診断を行った場合、次の３点の内容の診断結果が得られます。

①　組織のリスクセンス診断結果
②　個人のリスクセンス度の測定結果
③　上記①と②の結果を踏まえた今後の取組みに関する提案

組織の具体的なリスクセンス度の診断結果の例を、第７章の活用事例で紹介します。第７章で詳述していない個人のリスクセンス度測定結果について以下に紹介します。

個人のリスクセンス度の測定結果の例を**表３－３**、**表３－４**および**図３－３**に示します。個人に最低限維持して欲しいと考えるレベルは、60点以上です。この事例では個人のリスクセンス度は３職階層共、好ましい状態とはいえなく、特に一般実務

【表３－３】個人のリスクセンス度　測定結果

点数の分布[注]	一般実務職	中間管理職	上級管理職
認定者	2	1	0
76点以上	3	1	0
60～72点	21	6	1
40～56点	44	5	2
36点以下	11	0	0
受診人数	79	12	3
平均点	52.0点	61.0点	57.3点

[注] 得点は25問で１題４点の100点満点方式

【表３－４】個人のL，C，B別リスクセンス度（３職階層平均値）

分　野	一般実務職	中間管理職	上級管理職
L（32点満点）	15.8点（49.4%）	16.7点（52.2%）	13.3点（41.5%）
C（28点満点）	13.2点（47.2%）	17.3点（61.8%）	12.0点（42.9%）
B（40点満点）	23.0点（57.6%）	27.0点（67.5%）	32.0点（80.0%）
合計100点	52.0点	61.0点	57.3点

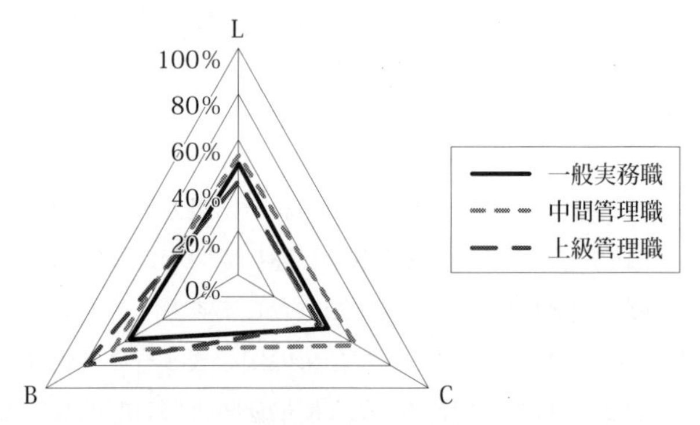

【図３－３】職階層別　個人のリスクセンス度

職では、60点以下の人の比率が70%弱で36点以下の人が14%もいます。この診断の場合、私達はリスクセンス度が低い人がエラーを起こしやすいと仮説を立て検証研究していますので、「早急に所属員のレベルアップを勧めます。またL，C，Bの分野毎では、LとCの分野を優先してレベルアップすることが必要と考えます。」と診断し、リスクセンス検定® の公式テキストである『個人と組織のリスクセンスを鍛える』（大空社）を活用した教育やリスクセンス研究会が主催するリスクセンスセミナーを受講し、リスクセンスを身に付け、磨くことに努めるよう勧めています。

【引用・参考文献】

1）リスクセンス研究会：「個人と組織のリスクセンスを鍛える」、大空社（2011）
2）「組織行動と組織の健全性診断システム」に関する研究成果報告書　～「LCB式組織の健康診断」によるセルフチェックシステムの開発～（2011）、東京大学、LCB研究会
3）「組織行動と組織の健全性診断システム」に関する研究成果報告書　～「LCB式組織の健康診断」によるセルフチェックシステムの開発～（2014）、東京工業大学、LCB研究会
4）例えば足立堅一：「実践統計学入門」、篠原出版新社（2001）

Column 3

リスクセンス検定®の受検結果から

リスクセンス検定®は2011年から団体の受検が、2013年からは個人（Web式のみ）の受検を開始しています。2014年8月末時点で約900名弱が受検していてほとんどが団体受検［**注**：11社16組織］です。

受検した組織には、次のような共通の活動が見られます。安全衛生活動やCSR活動の現状やその活動の進捗度を定量的に把握し、PDCA（Plan, Do, Check, Act）サイクルを回していることと個人のリスクセンス度の低い層の底上げの活動です。定性的に感じていたことが定量的に把握できるようになったので、諸施策のフォローをタイミング良く実施している、ミスが気になっていた一部の一般実務職層について弱点とその度合いに応じた適切なOJTを実施しているなどです。

また組織診断の結果では、内部通報制度に関する施策の第一線の実務職層への周知が充分でない組織が多い傾向が見られます。内部通報制度の趣旨が徹底し、この機能が発揮された事例を紹介します。リスクセンス検定®と命名する前の2010年、民営化された非営利の公営サービス業のグループ企業で組織診断を行いました。「悪い情報は早く上に報告を！」という方針が重点に掲げられていたこともあり、内部通報制度は良い診断結果でした。組織診断が終わってデータの集計中にこの企業で不祥事が発生しましたが、社内ルートで直ちに不祥事の通報があり、同社はマスコミにこのことを公表しました。新聞での取り上げ方は数行でした。外部からの問い合わせで不祥事の発見という事態であったらこの程度ではすまなかったと研究会席上での同社の社長の言。診断結果と実態が一致していた事例です。

第4章

リスクセンスを身に付ける（Learning）

多くの組織では、組織が“健康な”状態を維持できるように、エラーやトラブル、不祥事が起きないよう、リスク管理をし、その一環として自社や他の組織（他社を含む）で起きたエラーやトラブル、不祥事などに学び、それらを他山の石として組織運営しています。この組織運営の中で次の三つの視点、「L1：リスク管理」、「L2：学習態度」、「L3：教育・研修」からリスクセンスを身に付ける手法を学びます。

4.1　リスク管理

組織は、地震・津波・風水害、設備安全（火災・爆発）、労働安全衛生、環境、品質・製造物責任、情報漏洩、不正行為などのリスクと共に、財務・労務リスク、市場・経済リスク、社会・政治リスク、経営戦略リスクなどの投機的なリスクなどを抱えています。そしてそれぞれのリスクを評価し、優先順位を決め、リスクの低減策を策定し、実施に移し、リスクの管理をしています。

化学産業の最近の事故および過去の事故から、リスク管理の基本的な取組みが不足していたこと、特に日常のリスクアセスメント活動が形骸化していたことが明らかになっています。

リスク管理の進め方、現状の取組みで不足している点に気付くポイントを次の三つと考え、リスクセンスを身に付ける手法について学びます。

① 組織にとって新しい事柄や重大な事柄に対し、リスク管理が行われているか。例えば、組織の目的達成および組織の破綻防止のためにリスクを特定し、重み付けを行っているなど。
② リスクの評価の方法を定めているか。例えば、法律の遵守、自から独自に定めた評価法、さらにはその分野で先んじた評価法などを定めているなど。
③ リスクを評価する場合、評価する組織体やその担当する人が定められているか。例えば、リスクを評価する会議体およびその出席者（特に当該担当部門以外の部門が参加しているか）が定められているなど。

職階層別の学習のポイントは次の通りです。

一般実務職は、リスク管理とはどのようなものか、その本質を理解し、自分でリスクアセスメントを行う際の気付きのポイントを学びます。中間管理職および上級管理職はリスク管理が機能するよう環境づくりを含むマネジメントのポイントを学びます。

4.1.1　リスク評価法の見直し

組織としてリスク評価実施とその方法を定め、評価（審査）に漏れのないようにシステム化しておくことが必要です。

◎リスク評価に関する最低限のルール化

- リスク評価（審査）対象の事象の範囲
- 評価手法の選定［例：設備安全でのHAZOP（Hazard and

Operability Study）は広く採用されています]
- 準備資料のリスト化（「評価チェックリスト」により資料準備）
- 評価出席者（審査メンバー）の選定［必要な専門性、役職、評価対象事象（規模）により評価出席者を選定］
- 最終承認者［承認ルート、評価対象事象（規模）により異なります］
- 評価時期［評価対象事象（規模）により異なります）］

次にリスク管理の具体的な方法について示します。なお、本項で取り上げる事故事例は最近続いた化学プラントの事例から選んでいます。これらの事故原因の解析結果を第４章および第８章で紹介しています。これらの事故の発生を初めて知る方は、第８章でこれらの事故の全体像を理解してから本項を読んで頂くと日常のリスク管理のポイントをより良く理解して頂けると思います。

(1) 新製品の開発時のリスク管理

新製品の開発・上市に関しては、多くの検討が必要ですが、まず製品、副製品、原材料のそのものの安全性、反応性の確認（文献調査および実験による調査）が必要となります。化学系の事故・トラブルをみると、この把握、検討不足による事例が多く見られます。

(2) 製造している製品の反応性に係わるリスク管理

昨今の化学プラント事故の教訓から、現在生産している製品、中間体、副製品について、前(1)項と同様に定量的な物性、反応性を適切に把握しているかを見直すことが大切になっています。

今まで問題なかった、調査不足では済まされない問題です。異常反応に関しての過去の事故事例（L2：学習態度）を活かしたリスクアセスメント、それに基づく再設計が必要となった事例があります。

■製品、中間製品の性状、反応性の把握が不足したために発生した化学プラントの事故事例

①【塩ビ】塩化鉄が触媒となり塩ビモノマーと塩酸の反応
塩化鉄 $FeCl_3$ が触媒となり塩ビモノマーと塩酸とが反応（1,1－EDC生成）することを認識せず、還流槽（通常は塩化水素、塩化鉄のみ）に塩ビモノマーを多量に溜出させた状態で、蒸留系と縁切り停止した。停止中に、この反応が開始し還流槽が破裂、爆発した。

②【レゾルシン】有機過酸化物の分解・発熱
蒸気の供給ラインの停止により、有機過酸化物の反応を緊急に停止した。この過程で反応物の冷却が遅いと判断し、緊急停止のインターロックを解除し、冷却源を変更した。このインターロックの解除により、反応を進行させないために供給されていた窒素ガスも自動的に供給されなくなり、反応槽内の窒素ガスによる撹拌がなくなり、冷却コイルのない上部で、有機過酸化物の分解反応（発熱）

> が始まった。ガス発生・過圧となり、反応槽は破裂・着火爆発した。
>
> **③【アクリル酸】アクリル酸の二量体生成**
> プラント能力テストのため、高温のアクリル酸を貯蔵タンクに多量に保管した。タンク内攪拌をしなかったため、冷却コイルのない上部で二量体生成反応が進み、タンク亀裂、爆発、火災に至った。

(3) 新プラントの建設、設備の大幅な改造時のリスク管理

新規設備・大幅な改造設備を設計するときには各工程で多くの視点からのリスクアセスメントを行っていますが、前述事故事例からこれらのプラントでの設計・システム設計段階でのリスクアセスメント不足や設計が不充分な箇所が見られました。事故発生箇所でのKY、PKY（プロセス危険予知）などの活動が実施されている様子が見られないと報告されている事例もあります。リスクアセスメントやKY活動は各社とも力を入れて活動していますが、肝心な箇所での取組み不足、指導不足が危惧されます。いわゆるマンネリ化や“やらされ感”があるのではないでしょうか。これらの対策として、自分達で自分の現場を守る意識の向上やKY活動の活性化が必要となります。新しい視点である防護壁モデルに基づくKY活動やリスクアセスメントの実施を勧めます。

また組織として、設計マニュアル、同基準、技術コードなどの整備のシステム化した仕組みを確立し、定期的にデザインレ

ビューをすることとそれらに必要な人材（マネージャー、技術者）の確保のための教育システムの見直しという環境整備の検討を勧めます。併せて、現場感覚を有する人が少なくなったことを踏まえ、個々の機器設計、システム設計においてフールプルーフ（fool proof）、フェールセーフ（fail safe）の取組みを強化することの検討も勧めます。

現場では、技術の進歩を反映し、現状の設備、システムで良いのか、運転マニュアルは適切か、計画的に見直し、必要に応じてリスクアセスメントを行うことが必要です。以下のような項目について、見直しを行っている企業が多く見られます。

◇緊急時対応の対処法（設備、システム化、ソフト）：

地震、津波、火災・爆発、停電、窒素圧低下、計装用空気・冷却水などユーティリティ停止への対処法

◇運転マニュアルの整備：

リスクアセスメントに基づいたマニュアルの作成・教育

Know How、Know Whyを明示したマニュアル整備

前記事故事例をみると、すべての事故において、このマニュアル整備が不充分であったことが報告されています。

◇計画停止、ユーティリティ停止、保全計画との整合性：

事故の多くは非定常時に発生していることからの見直し

(4) 既存設備の変更や運転方法の変更時のリスク管理

これに関しては、「B3：変更管理」で記載しますが、製造工程を変更する場合（原材料の変更、製法の変更、触媒の変更、設備の改造や材質の変更を含む）、製品の性状を変更する場合

（粒径、形状、厚さ、添加物の変更）についても、個々にリスクアセスメントが必要であり、社内ルール（安全審査基準など）による審査が必須となります。

プロセスや設備の一部変更など小規模の場合は、職制の長（課長）、プロセス担当技術者、機械・計装・電気のそれぞれの技術者、環境安全担当（場合により品質保証も出席）および運転代表による審査会を設け、最終的に課長承認で完了となるケースが多いと思います。しかしながら、小さな設備改造が原因で大事故を起こした事例も多く、規模が小さくても、基本に則った厳正なリスクアセスメント（審査）が大切です。

(5) 試運転後のリスク評価とリスク管理

前述の通り、事前のリスク評価（安全審査）と共に、これらの新規の取組みが開始されたのち（試運転終了後）に、計画との差異を定量的に把握し、試運転中で判明した要改造箇所はどこかなどの「事後評価」を行うことが必要で、ルール化している企業が増えています。この計画と実績との差異を認識し（なぜ計画通りできなかったか）、変更点を文書化し、次に備えることが大切です。

4.1.2　リスク評価の継続実施と人材の確保

過去の事例でもリスク、脅威の見落とし、リスクアセスメント不足が見られます。複数の目、広い視点でのアセスメント、「三人よれば文殊の知恵」が必要となります。

リスク評価は、現場技術者の活躍の場であり、存在の意義が問われます。詰め碁では、初心者が何人いても有効な一手が見つからず、一人の有段者には敵いません。技術の有段者、高段者を目指して欲しいと思います。

例えばHAZOP実施のため研修会を開催し、現場感覚を有するエンジニアを育成している会社も見られます。本書の第1章１．１ 最近の組織事故の特徴の項でも述べていますが、適切でなかった省人化策（少数精鋭のはずが、いつの間にか人数合わ

■最近の事故で、ライン管理者の指示が不適切、不充分とみなされた事故事例

①【塩ビプラント】
蒸留塔・塔頂温度の異常、ビニルクロライドモノマーが還流槽へ多量に溜出し、その槽のレベルの異常に気付きながら、通常停止を指示した。

②【レゾルシンプラント】
蒸気の供給ラインのトラブルに伴い、全プラント停止の連絡が入った。指示どおり緊急停止操作を行っています。その反応停止操作中に、緊急遮断インターロックの解除を黙認した。

③【アクリル酸プラント】
蒸留塔ロード負荷テストのため、貯蔵タンク使用に際し作業指示書の発行を指示できず、リスクアセスメント実施を指示しなかった。また、この間、現地確認をしていない。

せ）が、現場感覚を有する人材不足を促し、事故の根本原因の一つとなっています。

特に、ライン管理者のレベルアップを図り、信頼できる製造ラインを構築することが必要です。現場に専念できる体制、バックアップ体制を構築することが大切であり、工場トップは、ラインの課長が、その責を全うしているかを確認し、全面的にフォローをすることが必要です。

また、リスクアセスメントを実施し、対策を立てた場合でも、固有リスクと残余リスクの把握を認識した対応が必要で、対応の仕方も時代と共に変化してきます。防護壁（L1：リスク管理）の劣化および見落とし防止を図るため、プロセス・プラントのブラッシュアップが必要であり、リスクアセスメントの見直しを計画的に行うことが大切です。この見直しの実態を組織として確認すべく、本社、工場トップによる精査（C2：監査）も有効で、実施されています。この取組みは、管理者・運転員の教育の場にもなることは言うまでもありません。

4.1.3　現場でのリスク評価

現場で、日常的に行われているHH含む想定ヒヤリハット、KY、PKYにおいて、発生頻度（緊急度）、損害規模（事故災害の大きさ）を簡易にレベル評価（数値化）し、リスク（数値化）の高いものに関しては、リスクアセスメントを行い、事故災害防止の対策を講じている企業が多く見られます。この取組み、優先順位をつけた改善の取組みを継続することが大切です。

同時に、リスク評価には、いくつかの手法があります。実施するには比較的多くのマンアワーを要しますが、案件を絞ってHAZOPを活用されることを勧めます。系統的に危険なシナリオが把握しやすく、米国の連邦法であるOSH Act（Occupational Safety and Health Act）では、プロセスのハザード分析に用いるべき手法の一つとしてHAZOPを採用することを規定しています。

リスクセンス検定　練習問題①

設問　プラントのリスク管理に関する記述のなかで、不適切と思うものを一つ選んで下さい。

① 設備の新設時および設備の改造を行う場合、事前にHAZOPなどにより、リスクアセスメントを行うことが規程で定められている。

② 既存の設備について、一般実務職の参加を前提にして定期的にHAZOPによるリスクアセスメント、設備見直しを行っている。このリスクアセスメントは、一般実務職の教育を兼ねて行っている。

③ 毎年、地震発生による設備の火災事故、薬液の漏洩などのリスクシナリオを作成し、緊急防災訓練を行っている。自衛消防隊の放水訓練、救助訓練、公設消防との共同訓練など、本番さながらの訓練を行い、緊急時に備えている。

④　設備の履歴、過去の設備トラブルの解析事例はまとめられ、キングファイルで保管されており、一般実務職は、いつでも閲覧が可能である。運転班毎に、小集団で読み合わせなども行っている。

⑤　改善提案などによる設備の小改造は、定期修理時にまとめて行っている。改善内容や新運転方法の一般実務職への教育は、定期修理以前に行うことが決められている。運転マニュアルの改訂は、試運転後の結果を踏まえて正式に承認される。

☞ **⑤を選んでほしい。**

解説

①　リスクアセスメントの手法は、できるだけ指定し、活用に慣れていることが望ましい。

②　HAZOPを一般実務職の教育を兼ねて実施することは、素晴らしい。

③　緊急訓練に際しては、リスクシナリオを作成し訓練を行い、真剣に励むことが、いざというときに役立ちます。

④　設備、トラブルの記録を整備し、常に活用でき、活用することが大切です。

⑤　改善提案など設備の小改造について、定期修理前に内容、運転方法の教育を実施することは当然必要です。マニュアル改訂は試運転後にも実績を踏まえ見直すことは当然ですが、マニュアル改訂は、まず試運転前に行い、正式な承認を得ることが大切です。

【引用・参考文献】

1）株式会社損保ジャパン・リスクマネジメント 著：「リスクマネジメント実務ハンドブック」、日本能率協会マネジメントセンター（2010）

2）http://www.classnk.or.jp/hp/Rules_Guidance/Guidelines/risk_assessment_guidelines.pdf#search='リスク評価手法'
webに記載『財団法人日本海事協会（2009）「リスク評価ガイドライン」』

3）http://www.nksj-rm.co.jp/

4）大内：「第２エチレンプラントの火災事故」災害事例研究会2013年1月定例会

5）大内、小山：「最近のコンビナート事故の再発防止に向けて－リスクセンスの視点からの考察－」安全工学会シンポジウム2013

6）「組織行動と組織の健全性診断システム」に関する研究成果報告書～「LCB式組織の健康診断」によるセルフチェックシステムの開発～（2014）、東京工業大学、LCB研究会

Column ④

現状維持は退歩である

◇マニュアルは完成した時点から、劣化が始まるといわれています。プラントが完成・試運転・運転開始から、改善する箇所が現れてきます。

◇技術の日進月歩を考えると、現状維持で１年を過ごすことは、取組み不足、極言すれば怠慢といえます。必ず改善のポイントがあり、それを見逃さず、改善に挑戦して頂きたいと思います。
常に***Think***が大切です。

◇マニュアル・作業指針の見直し改善、プラント・プロセスのリスク評価の継続実施、設備改善、安全対策の強化、内部監査の強化など、プラント・プロセスのブラッシュアップを行って下さい。

◇***Know Why***を正しく理解し、旧いプラントでも最新の技術、考え方を組み入れ、自信を持って運転を継続することが大切です。既設プラントのマニュアルへのKnow Whyの記載（別紙にまとめて記載している例もあります）、見える化などリスクセンスを駆使した取組みが大切であると考えています。

４．２　学習態度

安全意識は、事故や事故に類する事象が身近に発生しないと薄れます。一方、安全への意識を上昇させることができるのは、身近な事故の体験と擬似体験することといわれています。これらの経験則に基づき、リスクセンスを身に付ける「L2：学習態度」のあるべき姿を次のような状態と設定しています。

「組織内で起きた事故など失敗や不具合の情報は全員が共有しており、教訓は教育・研修に活かされ、事故品の現物展示による啓発教育に見られるような風化させない仕組みとなっている。また自社、他社の失敗事例から得た教訓・対策は自らの組織の是正・予防処置として、PDCAサイクルを実践してトラブル防止につなげている。」

このような取組みが不足している状態に気付くポイントを次の三つと考え、リスクセンスを身に付ける手法について学びます。

①　過去に自らの組織内で起きたエラーなどに学ぶ姿勢があるか、また教訓を風化させない仕組みがあるか。

②　他部門や他社のエラーなどの事例から学んでいるか。

③　上記①や②のエラーやトラブル、不祥事などの事例を組織内に回覧して周知させて、その教訓を自部署、自社の問題として捉え対策を取っているか、即ち「水平展開」しているか。

職階層別の学習のポイントは次の通りです。

一般実務職は、「学習態度」の基本的な要素を学び、水平展開の実施方法を学びます。

中間管理職および上級管理職は、「学習態度」を組織内で醸成する仕組みを学び、水平展開をするには何が必要で、どのように展開したら良いか、どのような環境づくりが必要であるか、マネジメントのポイントを学びます。

4.2.1　過去の失敗に学ぶ姿勢があるか？

事故や不祥事などが発生しないようマネジメントしているにも係わらずなかなか効果が得られていない組織が散見されます。この原因の一つとして、事故や不祥事は当事者となった個人の過失やヒューマンエラーが原因で起きたとして処理し、それらまずい事象が起きていた背景要因にまで遡って原因究明し、対策を取らないで済ましてきていることとの指摘があります。そこで過去に経験している事故・不祥事からの教訓を風化させないで学ぶ際、それらの発生原因が、組織的要因まで究明されている事例で学ぶことを勧めています。

例えば、化学プラントでバルブ操作の誤りによって事故が発生したとします。その際、「マニュアル通りの操作をしなかった」と個人のミスが原因であるという結論になって、対策は「マニュアル順守」とか「マニュアル教育の徹底」とかで終わってしまう例が見られます。これでは事故防止の抜本的な対策になっていないと考えます。個人のミスの背景にマニュアル自体が複雑すぎるとか、プロセスや手順のリスクアセスメントが不足していたとかなど、いろいろの要因が隠れていた場合、これらにメスが入っていなければミスしたときと同じ環境が生じたら同じミスが起きる可能性が高い。事故・不祥事に学ぶ姿勢の第一歩は、組織要因まで原因究明した事例で学ぶことと考える所以です。

私達は、VTA法とM-SHEL法とをなぜなぜ分析法と組み合わせた手法を用い、直接原因のみに止まらず間接的要因、即ち、マネジメントの要因からソフトウエア、ハードウエア、その事故などが起きた環境、同僚や上司の要因まで踏み込んだ原因究明を行うことを勧めています。

第８章でこれらの解析手法の活用事例を紹介しているのでぜひ習得して下さい。そして参考にしたい他社事例で組織的要因まで究明されていない事例は自分達で解析し、他社の失敗から学ぶ慣習を定着させてほしいと思います。他社事例で学ぶ際に**表４－１**に示した国・業界・学会などの規制・研究機関の議論や公開情報（審議会などの会議資料などは通常公開される）を効果的に活用することを勧めています。これらの資料では、発生した事例から対策・教訓を求め、業界向けガイドラインや、啓発情報が発信されています。特に**表４－１**の№２の報告書では、企業への提言として、「自主保安の徹底（技術経験を伝承する講師の確保・育成、従業員への教育・訓練、設備の安全対策、適切な資源配分を含めた取組みをトップが関与、結果を公表する）」が挙げられており、リスクセンスを向上させる活動の提言ともいえる内容です。

4.2.2　事故などの教訓の風化防止

大きな事故や災害の現場に建つ慰霊碑の前での定期的な再発防止を誓う集いや事故などの現物などを保存し活用する研修など、事故などの教訓を風化させないこれらの仕組みは、安全意識を向上させる上で、またリスクセンスを身に付ける良い手法と考えています。

リスクセンス研究会のウェブサイトの「リスク体験・体感施設案内」のコーナー（URL http://risk-sense.net/p_map_intro）には、産業遺産体験研究会の研究成果である“事故や失敗またそれら原因物の保存し、それらから学ぶことを通じて安全・安心文化を向上させることができるリスク体験・体感施設”が掲載されています。

「リスク体験・体感」施設は、それぞれの施設が「何を目指しているか」に関し、失敗の現場・現物の保存を重視した施設と、失敗の擬似体験を重視した施設に分類されています。また「利用者は誰か」に関し、内部向け（企業・業界内部の研修など）と、一般向け（公共団体が運営する一般市民啓発など）に分類し、その中を【A】～【M】に細分しています（**表4－2**参照）。擬似体験に関する施設に関しては、第４章4.３教育・研修の項で紹介します。

(1) 事故時の現物掲示

大きな事故・不祥事も年数が経過すると、事故や不祥事の教訓や事故や不祥事の恐ろしさの感覚、安全や不正への意識は薄れるのが一般的です。事故や不祥事の教訓が風化しないように

【表４－１】事故から学び、リスクセンス

No.	団体	取組事例・成果物など
1	経済産業省	産業構造審議会　保安分科会
2		平成25年３月　報告書　～産業事故の撲滅に向けて（「産業保安」の再構築）～
3		平成26年３月　産業保安分野における大規模地震等対策について
4		「石油コンビナート等における災害防止対策検討関係省庁連絡会議」報告書
5		「平成25年度現場保安力維持向上基盤強化事業」報告書
6	国土交通省	事故事例にみる教訓（運輸安全）
7		「災害初動期指揮心得」の発行　国土交通省東北地方整備局
8	厚生労働省	健康・医療：医療事故情報収集等事業
9		雇用・労働：化学物質による災害発生事例について
10		雇用・労働：職場のあんぜんサイト　　労働災害統計
11		雇用・労働：職場のあんぜんサイト　　災害事例
12	消費者庁	事故情報データバンクシステム
13	失敗学会	失敗年鑑：各年の十大失敗を選定、調査・分析し、記事として記録
14	日本機械学会	失敗知識分析委員会による情報収集・討論 ⇒　図書：失敗百選（続編有）
15		失敗知識活用評価シート作成、失敗学会総会出席者にアンケート、まとめ
16	日本リスク研究学会	学際的でかつ国際的な視野をもったリスク分析とリスク管理
17		学会書籍：リスク学用語小辞典

向上に役立てたい各界の活動

参考ＵＲＬ
http://www.meti.go.jp/committee/gizi_1/27.html
http://www.meti.go.jp/press/2013/04/20130402005/20130402005.html
http://www.meti.go.jp/committee/sankoushin/hoan/report_02.html
http://www.meti.go.jp/press/2014/05/20140516003/20140516003.html
http://www.meti.go.jp/meti_lib/report/2014fy/E003933.zip
http://www.mlit.go.jp/unyuanzen/jikokyoukun.html
http://www.tohokuck.jp/notice/20140401/20140401.pdf
http://www.mhlw.go.jp/topics/bukyoku/isei/i-anzen/jiko/
http://www.mhlw.go.jp/bunya/roudoukijun/anzeneisei10
http://anzeninfo.mhlw.go.jp/user/anzen/tok/anst00.htm
http://anzeninfo.mhlw.go.jp/anzen/sai/saigai_index.html
http://www.jikojoho.go.jp/ai_national/
http://www.shippai.org/shippai/html/index.php?name=nenkan
https://www.morikita.co.jp/books/book/1413
http://www.shippai.org/images/member/article56/article56.pdf
http://www.sra-japan.jp/cms/
http://books.rakuten.co.jp/rb/5373957/

との現場・現物保存の事例は、【A】～【I】に紹介されています。

化学プラント火災事故を起こした会社では、焼けただれた設備・機器類の現物展示、当時の新聞記事の掲示などをとおして、事故を経験していない人が事故の怖さを肌で感じることができるよう展示場所をつくっています。工場入口近くの事務所前の敷地に安全の誓いの塔と安全の誓いの碑を建立しているケースもあります。ほとんどが非公開で内部向けですが、【C】の航空・宇宙系の事故では公開されているものもあります。公開非公開を問わず多くの組織で従業員教育に活用し、事故の教訓の風化を防ぐために活用されています。併せて、事故を忘れないために事故が起きた日を「安全の日」と名付けて、事故の教訓を風化させないための行事、例えば、防災訓練、社長訓示、安全教育などを実施しているケースが多い。

(2) 事故情報の活用、有効利用

多くの組織では、過去に起こした失敗事例をデータとして蓄積していますが、それを一部の管理部門の資料に留めたりして社内全体での共有化していない例が多いようです。次項の水平展開活動と併せ、リスクセンスを身に付け、向上させる手法として良い手法であるのでぜひ有効活用してほしいと思っています。また、社外に対してはこれらのデータをノウハウという形で自部門の利益の根源のように位置付けて公にしていない傾向がありました。しかし、これら失敗事例のデータのいくつかを公開し、教育・研修の場を通して共通認識にすることができれば、組織事故・不祥事の再発防止策につながり、その業界全体、さらには社会全体のレベルアップとなり、産業の発展の源とも

【表4－2】リスク体験・体感ができる施設の種類と傾向

	内部向け （教育や研修主体）	一般向け （公共団体が運営・外部公開）
保存重視 現場・現物	【A】産業（生産中）事故トラブル系 【B】産業（製品）事故トラブル系 【C】航空・宇宙系 【D】原子力系 【E】鉄道系	【F】慰霊碑 【G】災害系 【H】公害系 【I】その他
体験重視 擬似体験	【J】外部公開型（事前予約制など） 【K】外部非公開型（内部向けで一般には非公開）	【L】労働災害系 【M】防災系

なります。できるだけ多くの事故情報が公開され、共有されることを期待しています。

日次、月次、年次で過去の事故を振り返ることもリスクセンスを向上させる有効な手法です。過去に起こった事故例を「何年前の今日、こういう大事故がありました」などと日次に振り返ったり、月次、年次での過去の事故のレビューは事故の風化防止に有効と考えます。

4.2.3　事例の水平展開を行っているか

他部門や他社で起こった事故・不祥事の事例を自部門や自社に展開し、教訓とすることを水平展開（または横展開）といいます。水平展開を行う上で最も重要なことは、他部門での失敗事例を他人事としないで自分達でも起きる可能性があるとの意識を持つことです。自分達はそのような事故を起こすはずはないとの「正常化の偏見」を持たないことです。

他部門や他社で起こった事故・不祥事の事例を自部門や自社に水平展開する具体的な方法として次のような方法が考えられます。

① 回ってきた他部門・他社の事故事例を自部門内に回覧する
② 他部門・他社の事故事例を自部門・自社での同種事故・不祥事での可能性について、小ミーティングなどを実施し、周知し注意を喚起する
③ ②の注意喚起に止まらず、自部門での考えられるリスクを検討し、必要な対策を実施する

これらの水平展開の進め方で最も望ましいのは③です。①のように資料を部署内に回覧して水平展開しているとしている例が多いようです。①では不充分です。環境安全部などの管轄部署は水平展開が的確に行われているかどうかの確認を、例えば「水平展開実施報告書」という形で各部署から報告してもらうのも有効な方法です。

リスクセンス検定　練習問題②

設問　過去の失敗から学び、今度こそ任せられた担当業務をうまくやろうとその準備をしています。以下の五つの中で効果が薄いと思うものを一つ選んで下さい。

① 何を失敗とするか、基準を決めて、身近に起きた失敗事例を集め、同じ失敗をしないための再発防止策を考え

た。

② 失敗の原因究明の際、直接原因となった個人のミスを顕在化させ、同じことを起こさせないための教育をする。

③ 身近に起きた失敗事例を集め、失敗が起きた組織の運営上の問題がなかったか、まで原因究明し再発防止策を考えた。

④ 身近で失敗の少ない人の行動様式を調べ、参考にする。

⑤ 失敗を犯した当事者から本音レベルで感じている問題点や背景要因を聞き、原因を究明し、再発防止策を考える。

☞ **②を選んでほしい。**

解説

失敗の原因を個人のミスで一件落着としていては、失敗したと同じような環境に再び置かれれば同じような失敗が繰り返されることは、本文を読んで頂いた読者の皆さんに理解して頂けると思っています。

Column ⑤

事故や失敗に学ぶ施設はいつ始まったのか？

事故や失敗またはそれらの原因物を保存し、そこらから学ぶことを目的とする施設は、多数存在しています。「リスク体験・体感施設」と本書で総称していますが、一般的には様々に呼称され正式な名称は定まっていません。設置場所や教育の比重の置き方で、方向性も異なるようです。

こうした施設の始まりはどこにあるのか？体系だった社内教育の事例は、東日本旅客鉄道（JR東日本）が2002年11月、福島県白河市の研修センター内に開設した「事故の歴史展示館」が始まりとされます。

現物保存という視点では、恐らく日本初の事例はこれを15年以上遡ります。1985年開館の三菱重工業長崎造船所の「史料館」に設置された、タービンローターの事例です。1970年の試験中に破裂。4人即死、57人重軽傷という大事故の現物です。経緯経過は、保存を提唱した相川賢太郎氏（事故時の設計課長、後に三菱重工業社長・会長）の「史料館・夜話」（私家版）に詳述されています。鹿児島の尚古集成館をヒントとしたこと、悲惨な事故を永久に忘れない記念碑とすること、技術史的にも価値があることが語られています。

このような先駆的な取組みをなされた相川氏には次のようなエピソードもあることを知りました。考古学者の森浩一氏のエッセイによれば、相川氏は長崎で破壊目前の古墳があることを面識のなかった森氏に知らせたこと、郵政博物館（東京・墨田区）の展示解説によると、原爆後の様子を手紙に記録した貴重な人物であるなどです。

これらから先駆的な取組みである現物保存の発想に至る人物像が読み取れるかもしれません。

4.3　教育・研修

組織が健全な状態で維持され、さらに発展していくために社員の「教育・研修」は組織運営の上で最も重要な事項の一つです。組織のビジョンや経営目標の達成のために人的資源を戦略的に育成・開発していこうと、「求められる人材像」の具体的なイメージを明確化し、必要な人材を育成します。しかしながら、企業における教育・訓練は往々にして業績に左右されがちです。業績や業務の多忙さに左右されない実効が求められます。

教育・研修への取組みが適切でないという状態に気付くポイントを次の四つと考え、リスクセンスを身に付ける手法について学びます。

① 教育・研修の目的・方針、および目標とする育成する人材像は明確であるか

② 業績に左右されず、教育・研修制度は運営され、マンネリ化しないよう維持・更新されているか

③ 教育・研修の効果を把握し、フォローも充分行われているか

④ 業務に優先して教育・研修を行っていて、且つ未受講者へのフォローも充分行われているか

職階層別の学習のポイントは次の通りです。

一般実務職は、「教育・研修」の重要性を今一度学びます。中間管理職および上級管理職は、「教育・研修」が機能するよ

う環境づくりのマネジメントのポイントを学びます。

本項では、次の三つ、事故原因の一つに運転手順書の不備の場合が挙げられることが多いことから、その教育方法、次いで危険を体感させる最も効果的な手法である失敗の擬似体験教育法およびとケースメソッド式研修法を紹介します。

4.3.1　運転手順書による教育の留意点

化学工業の多くの会社では、運転手順書、非定常作業手順書など（以下併せて「運転手順書等」という。）が作成され、経営資源に見合った運転員への教育が行われます。これらの運転手順書等は、安全確保上も充分考慮されたものです。では、なぜ事故が起こるのでしょうか？

◎運転手順書等は、作成された時点から劣化が始まっている！

私達は、「運転手順書等は、作成された時点から劣化が始まっている！との視点が欠けた教育が行われている」からと考えています。劣化がどのように起こるのか少し具体的に考えてみましょう。多くの工場設備は合理化他の理由から改善・改良（以下「改善等」という。）が行われます。これらの改善等に対応し、運転手順書等は改訂され、改訂部分の教育が実施されます。私達はこれらのことを「変更管理（B3）」と呼び重要な業務管理の要素の一つと考えています。この改訂時の内容の不備、教育タイミングの遅れも劣化の一種と考えます。

重視したいのは改善等が行われなかった部分の運転手順書等

についてです。運転手順書等のオリジナルがつくられた時点を考えてみましょう。設備が完成する前後の時期にオリジナルは作成されます。これは全くゼロからの作成であり、多くの時間を使い現場・現物を見ながら作成されます。このオリジナルでは、取り扱う物質の性質、反応の特徴、運転員の操作手順・操作位置などまで考慮されて検討されています。しかし、検討された事項のすべてがオリジナルの運転手順書等には記載されるわけではありません。このオリジナル運転手順書等で次の世代の運転員が教育されます。オリジナル運転手順書等が作成された時点では、化学装置の運転も不安定でトラブルも多く発生します。このトラブルへの対応は、オリジナル運転手順書等を作成した運転員と次の世代の運転員が一緒に行うので、オリジナルの運転手順書等に記載のない内容も伝達されます。しかし、現下の化学産業の多くは成熟期下にあり、かなり長期間の運転を行っている長寿命の装置が多くなっています。また、これらの化学装置は制御装置の進歩もありほとんどトラブルが発生しません。即ち、運転が安定した化学装置では年間を通じて、定期修理前後の化学装置の停止作業および立ち上げ作業しか経験できないケースもあります。即ち、上記のような定修前後の停止・立ち上げ作業以外の非定常作業を経験することはほとんどないといえます。したがって、これらの非定常作業に関する運転手順に関する内容は、伝達されにくい状況になっています。

運転手順書等の見直しなどを定期的（例：１回／３年程度）にオリジナルの運転手順書等をつくったときのようにゼロからつくる気持ちで見直す仕組みを順守することを提案します。もちろん、運転手順書等をゼロから見直す主体は運転員とそのスタッフです。多くの時間と費用を必要とし、Know HowとKnow Whyを織り込む、簡単には実行できない業務です。しかしこの運転手順書等の持つ状況を改善しないと大きな事故の発生につながる可能性があることに気付くべきと考えます。

◎運転手順書等の見直しおよび教育の強化の取り進め方法

現下の成熟期で事故が起きた場合に実施される運転手順書等の見直しおよび教育の強化の取り進め方について、リスクセンスの視点から提案をします。

事故直後は、経営層も時間と費用を投入し修正した運転手順書等で教育を行うので、しばらくの期間は事故を防止できるでしょう。しかし無事故の状態が長く続き、成熟期のマネジメントの特徴である徹底した経費削減とか少数精鋭のマネジメントが強化されていく中で、事故直後と同じような教育時間を確保し続けることが難しい事態に直面することがあります。このような事態に直面したときに経営層および工場幹部に役立つ活用してほしい手法の提案です。例として、第８章で紹介する事故事例で示します。

第８章8.1 VTA法の項で紹介する事故が起きた組織のように事故の再発防止策として、当該課が教育時間を確保し続けることができるようにと強い権限を持った工場の窓口グループを設け、そのグループで本社を始めとした各部署からの依頼事項のすべてを一旦受付し、優先順位を付け当該ライン管理者に対応させるという仕組みを設けたとします。このような仕組みのもとで経営が更に厳しくなり、本社の経営管理部門が工場に更なる収益向上施策の上乗せをという方針を出したとき、工場の中間管理職層や上級管理職層はどう対応するか？工場の中間管理職層や上級管理職層は経費を必要とするこの事故を機に新たに設けられた仕組みを維持し続けるのか？一旦中断し、教育時間を減らし収益向上策を実施する？などの判断を求められます。

この場合、教育時間は確保したいが、収益向上施策にも時間を割かねばと考える工場の中間管理職層や上級管理職層にとって、一般実務職層までの全職階層で実効を伴った教育がきちんと実施されていて、現場感覚を有する体制が維持できていることを簡便に確認できていれば、例えば、運転手順書等の見直しの時期であっても非常事態として教育時期を延期するという方針を自信を持って採用することができます。経営または工場のトップ層が、会社として設けている防護壁の状態を日頃から定量的に簡便に確認できる仕組みを導入していれば、例えばLCB式組織の健康診断® 法の直近の組織の診断結果を参考にして、選択する施策の検討を行うことができます。特に、一般実務職層は気が付いているが上司に報告をためらっているコミュニケーションが良くない組織運営下の組織診断で4段階以下の好ましくない状態の項目が顕在化している場合は、その組織の状態を考慮した上での施策を実施することができます。また諸施策に一時的な新たな経営資源の投入が必要な場合には、経営トップにその根拠として組織診断の結果を添えることもできます。

４．３．２　事故などの擬似体験（ハード面）

実際に事故やトラブルの当事者となった経験があると、その反省から同じことを繰り返さない傾向にあることが知られています。このことから、事故やトラブルを擬似体験させることによる未然防止の教育も重要視されています。多くの企業で社内の研修センターの中に安全体験設備を設け、実際の現場で起こりやすい基礎的な事項に関するエラーの擬似体験教育が行われています。

一部の企業では、社員教育に加え工場内工事業者まで含めた

【表４－３】Ｅ社の安全体感教育

体感教育項目	内　容
① 高所危険体感	8m墜落衝撃体感、安全帯ぶらさがり体感、高所足場歩行体感　など７項目
② 回転体危険体感	回転体巻き込まれ強さ体感、ドリル巻き込まれ強さ体感　など５項目
③ 玉掛け作業危険体感	手指挟まれ危険体感、吊荷落下危険体感　など３項目
④ 火災・爆発の怖さ体感（Ⅰ）（Ⅱ）	火災伝播方向、静電気人体帯電、粉じん爆発　など16項目
⑤ 電気危険体感（Ⅰ）（Ⅱ）	低圧電気危険、スイッチ操作不良、過電流危険体感、モーター漏電危険　など11項目
⑥ その他危険体感	酸・アルカリの怖さ、酸欠の怖さ、正しい手洗い、配管ピンホール危険　など12項目
⑦ 設備体感実技	工具の名称・寸法・使い方、バルブの種類、ポンプ起動・停止・切り替え操作　など５項目
⑧ 危険予知訓練	ゼロ災運動と危険予知訓練（KYT）、KYT基礎４R法の進め方・実践、SKYTの進め方の３項目

【写真】8m墜落衝撃体感

教育を行ったり、外部の企業からの教育要請も受け入れています。E社の安全体感教育の内容を**表4－3**に紹介します。62項目のメニューから危険作業の擬似体験ができます。8mの高さでの足場歩行体験、落下人体（実物大人形）を安全ネットで受けて衝撃を感じる体験はユニークです（**写真**参照）。

【引用・参考文献】

1）クレハ技能研修センター「安全・設備体感教育」パンフレット

４．３．３　事故などの擬似体験（ソフト面）

組織としてリスクセンスを機能させるためには、組織の中で組織が掲げた方針に対し委縮しないで自信を持って意思決定し、行動できる組織文化を定着させることです。事故や不祥事の事例から学び、その内容が企業の文化として定着するのには、次のステップ「認知 → 理解 → その結果、態度が変容 → 行動 → 企業文化の定着」を経ると考えられています。これを達成する研修方法の一つが、ケースメソッド方式といわれている事例の擬似体験法です。擬似体験により自分であったらどのように考え、どのように行動すべきかを「認知」、即ち問題の存在と次のステップの「理解」までが可能になります。そして各自の実際の組織の立場での実践の見通しまでが可能になります。

リスクセンス研究会セミナーで行ったケースメソッド方式の事例を紹介します。

事例は2000年６月の乳業メーカーの食中毒事故です。事故の詳細は省略しますが、同社は45年前の1955年の黄色ブドウ球菌の増殖という同じ問題を起こしています。45年前の社長は組織面では衛生管理、検査部門を独立させ、検査網を二重三重にしました。また社員教育では社員全員に「全社員に告ぐ」の訓示を行い新入社員へ配布を継続しました。同社は品質管理活動にも力を入れ、1998年にはHACCP（Hazard Analysis and Critical Control Point）の基準認可の取得をしています。食の安全への対応は行われていましたが、充分ではなかったようでした。

研修ではどうして再発を防止できなかったのかを約６名ずつのグループに分け、社長、製造本部長、品質保証部長などの役割を割り当て、議論する方法を取りました。事故の原因は多々ありましたが、当時有名になった社長の「俺は寝ていないんだ」発言に象徴される、業界トップとしての驕り、精神的にも組織的にも内向な体質を築いて来てしまったことに根源的な原因があったとしました。

もし、当時にLCB式組織の健康診断® を実施していたら、ほぼすべての項目で不満足な結果になったであろう、特に「B1：トップの実践度」や「L2：学習態度」の項目は悪い結果となったであろうと推定しました。

このような状態に至った原因と防止手段についての議論を「もし自分が1955年当時の乳業メーカーの社長、社長スタッフ、製造、品質保証などの部門長であったらどのような行動を取れば2000年の同種事故の発生を防げるか」の議論を重ねました。

議論の焦点は次の五つの視点でした。

①　圧倒的な権限を持っている社長にトップダウンの指示だけでなく、横から下からも意見が言えて、外に開かれた体制にできるか。（どのように猫の首に鈴をつけに行くか）

②　社外取締役制の採用を含む外に開かれた組織の具体化

③　リスク管理に関する全社的なキャンペーンを含む運動の盛り上げ

④　人・モノ・金・情報を含む経営資源のリスク管理業務への配分

議論の過程で参加者各自の発言に出身母体の企業の環境や体

質が反映され、参加者各人として、またグループ全体として異質な意見を聞くことができ、多くの新たな発見や気付きがありました。特にこの研修で、ワンマン経営の会社における急成長の過程で生産性、経理数値が優先される中、実務部隊が品質、安全を優先する体質への変換をトップに上申する事がいかに難しいかを追体験できたことと、そのような会社において世の中の変化への対応と企業理念の根本精神に立ち返ることをトップへ上申する際、組織の横の連帯をとりながら取り進めることの重要性を実感できたとの声が多くありました。

リスクセンス検定　練習問題③

設問　普通に考えると常識的に判断し行動できる個人が、集団の中に入ると一人のときとは異なった行動をする場合があります。このような集団の心理特性がエラーや事故・不祥事の原因となったとみなされるケースも報告されています。エラーや事故・不祥事の原因となる「権威勾配」といわれる組織風土についての次の五つの記述の中で、それに該当しないと思うものを、一つ選んで下さい。

①　作業している現場に強い上下関係がありすぎると下の者は上司の誤りを正せないことがあり、それが事故につながることがある。

②　航空機の事故では、副操縦士が機長の誤りに気付いて

いながら言い出せなかったことから起きた事例が報告されている。

③　上司に逆らえない職場の雰囲気は権威勾配の状態にあるという。

④　組織図の職位の高い者ほど、責任のレベルが高くなっていることをいう。

⑤　若手が担当している業務に不安があるとき、ベテランに聞けばいいものを怒られることが嫌でベテランに聞かないで業務を遂行し失敗する職場の雰囲気。

☞ **④を選んでほしい。**

解説

職位の高い人の言動が誤っている場合、その誤りに職位の低い人が気が付いてもなかなか指摘しにくく、そのまま推移し、結果的に好ましくない事態に陥った経験をした方が多いと思います。

Column 6

リスクセンスで化学装置の劣化度や汚れ度の推察力向上

化学プラントの定期修理の際、接続されている配管や装置、機器類に関し法定点検を含む多くのメンテナンス作業が行われます。

メンテナンス予算の積算は、当該装置や機器類の使用実績と前回の点検結果を踏まえ、生産担当者とメンテナンス担当者が自らの経験から推察する資料が基礎になっています。メンテナンス予算がオーバーする場合は、経験から推察した結果が外れた場合で、予想以上に劣化が進行していた、あるいは汚れていたという場合です。

リスクセンスが向上すれば化学装置や機器類の劣化度や汚れ度の推察力が向上する簡便な手法を紹介します。

定期修理の際に化学装置や機器類の劣化度や汚れ度を生産担当者とメンテナンス担当者が協力しあって、メンテナンス方法を決めるSTEPは同じです。ただ定期修理後、個々の化学装置や機器類の劣化度や汚れ度が予想したとおり劣化していたり汚れていた場合は、やっぱりとY1と判定します。予想したとおり劣化していなかったり汚れていなかった場合は、やっぱりとY2と判定します。予想に反して、劣化していたり汚れていた場合は、予算外のマンアワーや費用を要したことから反省すべきとしてがっくりのGと判定します。予算を用意したが、予想に反して劣化していなかったり汚れていなかった場合は、びっくりのBと判定します。このY（Y1とY2を足した数字）の比率の向上とGおよびBの比率の低減を見える化します。YGB法と呼ぶこの手法、初年度のYは70％前後ですが、数年すれば90％を越えるようです。生産部門とメンテナンス部門がお互いの経験を相互に活かすことによりリスクセンスを磨くことができます。

第５章

リスクセンスを保つ（Capacity）

トラブルや事故、不祥事などは、定められたとおりに業務が遂行されていない場合に起きていることが多い。このため組織では、組織内の活動を自己管理する仕組みを二つ、業務に組み込まれる日常的モニタリングと業務から独立した視点から実施されるモニタリングの仕組みをつくり、両者は個別または組み合わせて実施しています。

ここではモニタリングについて組織として望ましい状態で推移しているか、機能するモニタリング組織が設けられているか（モニタリング）、モニタリングに用いられるチェックする手法は適正か（監査）、チェックができない事象に対しての対応法（内部通報制度）が機能しているか、そして組織内の活動の健全性を保つためのコンプライアンス活動を通じ、リスクセンスを保ち、維持する手法を学びます。

私達が目指す良い事例を紹介します。

モニタリング機能の一つである内部監査の仕組みが機能した新製品開発分野の事例です。

大手総合商社D社は、2004年12月に内部監査の結果、D社がディーゼル車向け粒子状物質低減装置（DPF：Diesel Particulate Filter）を開発した過程でデータ改ざんがあったと発表しました。

本事件の概要は以下のとおりです。

ここ数年PM2.5問題が大きく取り上げられていますが、2003年にディーゼル車の排気ガス中の粒子状物質（PM：Particulate Material）の総量規制が首都圏の自治体で始まっています。D社は既存のディーゼル車を対象に、セールスポイントを簡単に取り付けることができるとしたDPF装置のビジネスに進出しました。

DPF装置は新設した子会社（E社）で開発、生産することとし、当初は提携した海外企業の技術をベースにしていました。D社の製品は、セールスポイントが3年間連続使用が可能であることと簡単に取り付けが可能ということであったことから販売開始から大幅な受注が見込まれていました。しかし、技術開発が計画どおり進まず、2003年10月の規制開始時に販売できる目途が全く立ちませんでした。そこでE社内でDPF装置の承認申請のデータ、当該装置の形状変更届、行政との立会い試験時のデータを改ざんして販売に間に合わせました。半年後の2004年3月には業界トップの9,000セットが販売されました。このような中でD社の内部監査部門は、2004年5月にE社の内部監査を行い、問題を見つけ、同年10月に再度監査を行い、データ改ざんの事実を把握しました。

D社は、2002年の海外のディーゼル発電施設に関する不正入札事件を反省し、トップに直結した内部監査を重点施策としていました。

5.1　モニタリング組織

企業（組織）内には内部監査、監査法人（会計監査人）などモニタリングの仕組みがあります。

これらトラブルや事故、不祥事などが起きないように常に監視しているこれら仕組みが機能するためには、トップに直結した独立して監査を担当する仕組みになっていて、実施にあたって強い権限を与えられていること、さらにその組織の勤務経験者がその組織の中枢で活躍しているという点が重要です。

モニタリングへの取組みが好ましい状態にないという状態に気付くポイントを次の三つと考え、リスクセンスを身に付ける手法について学びます。

①　トップに直結し、且つ独立した監査を担当する組織があるか。

②　その組織は、事故やトラブル、不祥事などが起きないよう管理・監督する強い権限を与えられているか。

③　その組織の担当者は組織の中枢で活躍している人か。

職階層別の学習のポイントは次の通りです。

上記Ｄ社の事例から第一線の実務職は、モニタリング組織設置の目的を含めたモニタリング組織の概要を学びます。中間管理職および上級管理職はこのモニタリング組織が機能するよう環境づくりのマネジメントのポイントを学びます。

モニタリングの仕組みをより機能させる組織運営法として、前記の通常の内部監査やそれ以外の監査、例えば、安全監査、環境監査、品質監査、情報システム監査などの監査を担当した人が、監査経験を活かし経営の中枢で活躍するような人事異動が定常化していることが必要です。監査を担当することになると、前記のようなデータ改ざんや法令違反を見落とさないようにと監査する業務に精通します。その経験を経営の中枢で幅広く活かすことができれば、リスクセンスの良い組織風土は容易に醸成できます。

リスクセンス検定　練習問題④

設問　**組織としての活動が望ましい状態で推移しているかどうかをモニタリング、例えば、内部監査するという仕組みがあっても形骸化しているケースが多いといわれています。次のモニタリング組織の中で改善が最も必要と思う事象を一つ選んで下さい。**

① 内部監査室の担当者が兼務となっていて、内容あるモニタリングが行われていない。

② モニタリングの手法として、アンケート方式が多く、且つ調査の内容が実際の状況を把握していないと皆が感じている。

③ モニタリングをする組織がトップに直結してなく、人事・総務・経理などと同じ位置付けで管理部門の中の一部門になっている。

④ 内部監査の結果など、モニタリングした結果がフィードバックされていない。

⑤ モニタリング部門への人事異動が左遷と感じる雰囲気がある。

☞ **③を選んでほしい。**

解説

③以外もいずれの事象も改善すべき組織運営上の問題の事象です。LCB式組織の健康診断® の結果から、第一線の実務レベルまでモニタリングの趣旨やその仕組みがあることを周知、徹底する施策が不充分な組織が多いことが明らかになっています。モニタリングの仕組みが機能するようにその環境づくりのマネジメントも重要と考えています。この視点に立つと、①の兼務体制はできるだけ避けたいし、ましてや⑤の風潮が生まれない環境づくりのマネジメント、②と④の状態が起きないようなモニタリングが実施できるマネジメントが肝要と考えます。

③は組織のあり方としてトップに直結していることが必須にも係わらず、そのような仕組みになっていない。したがって最も改善が必要という視点では③を選んでほしい。このようなまずい環境下で内部監査などの監査が行われれば、現場にはやらされ感が残り、形骸化しやすい。

【引用・参考文献】

1)「弊社DPFに関わる調査委員会結果御報告と同報告を踏まえた弊社措置」ニュースリリース、三井物産株式会社、2004年12月24日

2) 安孫子、中田：「ディーゼル車向け粒子状物質低減装置データ改ざん問題～揺らぐ安全、社会と会社のはざまで～」、化学物質を経営する、化学工業日報社、p449－459（2007）

5.2 監　　査

不祥事の未然防止を図るために業務の遂行状況をモニタリングしている方法に「監査」があり、そのあるべき姿を次のような状態と設定します。

「定期的に社内の監査人および社外の監査人により、複数の監査（書類監査、現場監査）が各監査間で時期、その内容などの調整を行って実施されており、問題点も的確に摘出されている。そしてその結果は公表されてPDCAサイクルを実行することで改善に結び付けられている。」

監査の取組みに問題があるという状態に気付くポイントを次の二つと考え、リスクセンスを身に付ける手法について学びます。

①　書類監査と現場監査の複数の視点からの監査を行っているか。例えば、会計監査、監査役による監査、ISO、内部監査部門による業務監査、組織トップによる保安査察など。

②　それらの監査は、PDCAサイクルが実施されていて監査の目的が達成されているか。

職階層別の学習のポイントは次の通りです。

一般実務職は、「監査」の重要性を学びます。中間管理職および上級管理職は、「監査」が機能するよう環境づくりのマネジメントを学びます。

過去の事故事例をみると「C2：監査」という防護壁が機能していれば、大きな事故・トラブルを防ぐことができたと推測される事例が見られます。

5.2.1 現状の監査の問題点とあるべき姿

監査は、計画に基づき定例的に行われていますが、その結果（報告）は的確で効果を上げているでしょうか。昨今の化学関連の事故をみると、種々の防護壁の劣化（「L1：リスク管理」、「L2：学習態度」、「L3：教育・研修」、「B1：トップの実践度」、「B2：HH／KY」、「B3：変更管理」、「B4：コミュニケーション」）が見られ、それら複数の防護壁の劣化により大事故が発生しています。現状では、この劣化状態を「C2：監査」では見つけだしていないようです。監査のレベルアップにより、劣化状態を見つけだしてほしい。

◎実効性のある監査：リスクの見落とし防止

リスク、脅威の見落としを防止するため、複数の目、広い視点で、リスクの適切な理解・把握が必要であり、現場だけに任せて良いかとの見方があります。囲碁の場合、初心者が何人いても有効な次の一手が見つからない、有段者一人に敵わないのように専門家のチェックが必要です。また、リスク対策を取ったのちのリスク、残余リスクについて充分な認識を共有化する必要となります。

このためには目的を明確にした中で監査対象領域を決めることが肝要です。毎年、同じような監査、取組み全体をみる監査方法を見直し、テーマを決め、厳密な監査が望まれます。結果として、業務改善のための指摘とか、業務のボトルネックになっている部分や対象部門が気付いていないリスクやコントロールの脆弱性を指摘し、改善提言をすることが期待されています。また、監査指摘事項については、年度末のフォローアップ監査により確認を行うことは当然のことといえます。

なお、監査の実効を上げるための方策について述べましたが、経営トップ（安全担当の取締役の場合もある）が監査に参加し、安全第一の経営姿勢を示すことが最も大切であることは言うまでもありません。

5.2.2　有効な監査事例

前項で述べたように、監査の実効を上げるため、企業はどのような対応を行っているか、環境・安全監査の事例を含めて紹介します。

（1）特別テーマ監査

日常の環境安全の取組み（安全成績、HH/KY・リスクアセスメント件数、5S活動、運転マニュアルの見直し、設備管理など）の報告を受け、確認すると共に、特別テーマを設け、その状況を精査します。

特別テーマの事例として次のようなテーマ例があります。

①　リスクアセスメントの精査：全体計画、工程毎にどのように行ったか、問題点と改善策、リスクの見落としがないか一覧と共に個々の記録を確認します。

② HAZOPの実施状況（全体計画、指導者と参加メンバー、内容、設備改善）

③ 環境安全のあるべき姿（例えば、10数項目に絞りできるだけ数値目標化）を本社で設定し、各工場では、自工場のレベルを判定報告し、本社で査定する。毎年向上の度合いを確認し、レベル向上を目指して活動していく。いわゆる安全活動の見える化であり、安全KPI（Key Perfomance Indicater）を期毎に確認し、向上を図ることも有効な方策といえます。

この他に、一般社団法人日本化学工業協会が作成した「保安事故防止ガイドライン－最近の化学プラント事故からの教訓－（平成25年4月発行）」をチェックリストとして活用した監査や同協会が作成した「保安防災・労働安全衛生活動ベストプラクティス集」を安全活動の先進的な事例として、監査などで安全活動の向上策の一方策として勧めることも有効と考えます。石油化学工業協会で推進する「産業保安に関する行動計画」に準じた監査もお勧めします。なお、①および②については、専門性が必要であり、精査に時間を要するため、事前に専門チームによる確認を実施しているケースも見受けられます。専門チームは、本社担当、工場の専門家などが入ります。

(2) 監査の実効果アップ

監査のマンネリ化、形骸化を防ぐべく、種々工夫している企業も多く見られます。従業員の参加意欲を増すための工夫、安全大会での発表・表彰など。安全モデル職場の設定と取組み状況の監査、工場毎の発表会など工場独自の取組み、内部監査の強化などが見られます。

(3) トップの積極的関与

工場毎に行う内部監査、工場長監査では、工場内でテーマ（取組み事項）を決め、工場長（含む幹部、課長）が実態を定期的に巡回監査し、改善を図っている事例も見られます。PDCAサイクルを短期間に回し、活動の改善を図り、監査の目的を達成していくやり方で、三現主義（現場、現物、現実）を重視した監査が多く行われています。なお、監査メンバーについて、経営トップが責任者であり、本社環境安全部長、安全担当、テーマ毎の専門家が加わることが一般的ですが、他工場の部長（課長）、本社事業部門の部長、組合代表を加えている場合も見られます。

5.2.3　レスポンシブル・ケア検証の勧め

化学産業界では、化学物質を扱うそれぞれの企業が化学物質の開発から製造、物流、使用、最終消費を経て廃棄・リサイクルに至るすべての過程において、自主的に「環境・安全・健康」を確保し、活動の成果を公表し社会との対話・コミュニケーションを行う活動を展開しており、この活動を“レスポンシブル・ケア（Responsible Care）”と呼んでいることは、周知の通りです。

この自主活動の質を高め、且つ活動に対する説明責任を果たすため、日本化学工業協会は、レスポンシブルケア検証（以後RC検証と略します）を実施しています。企業は取組みレベルの確認ができ、また各種アドバイスを受けることができるなどの利点があるので、RC検証を受けることも有効な選択肢とお勧めします。また、環境安全報告書、RC報告書、CSR報告書などの報告書検証を行っており、その中でRC活動の推進を図っています。

なお、検証員は化学産業に係わる知識・経験があると日本化学工業協会から認定を受ける必要があります。

リスクセンス検定　練習問題⑤

設問　**今日、内部監査に求められている新しい役割とは何か、正しいと思うものを一つ選んで下さい。**

① 会社方針やあるべき規程など自体の評価、即ち「あるべき規程やルールがあるか、それらが実務と乖離していないかなどの助言・提案を行う、コンサルティング業務」としての役割も求められている。

② 経営の重大な損失を未然に防止する「予防監査」や「効率性監査」、並びに「内部統制リスクマネジメントを含めた内部統制システムの構築・運用状況監査」が求められている。

③ 金融商品取引法に基づく「財務報告の内部統制」に関する適性性および妥当性監査が求められている。

④ 会社法に基づき、取締役会の専決事項となっている「内部統制システムの方針決議とその構築・運用状況」に関する状況監査である。

⑤ 良質な企業統治体制の確立に向け、三様監査（監査役

の監査、内部監査部門の監査、監査人の監査）の連係推進役を担っている。

☞ **①を選んでほしい。**

解説

①は従来の検査業務に加えた、内部監査の新しい業務です。②は内部監査の一部の役割を述べています。③は会計監査、④は監査役の役割、⑤は内部監査室の役割の一部です。

【引用・参考文献】

1）島崎主税 著:『概説「内部監査」(第３版)』、税務経理協会（2010）
2）倫理綱要 －（社）内部監査協会
3）島田裕次 編:「内部監査人の実務テキスト」、日科技連出版社（2009）
4）一般社団法人日本化学工業協会　ホームページ
URL http://www.nikkakyo.org/
5)「保安事故防止ガイドライン－最近の化学プラント事故からの教訓－」、一般社団法人日本化学工業協会2013.4
6)「保安防災・労働安全衛生活動ベストプラクティス集」、一般社団法人日本化学工業協会

Column ⑦

内部監査部、環境安全部への異動は友達をなくす

◇　暴言だが真実を衝いている！　監査は、事業所の実態を的確に把握し、良い取組みを褒めると共に、不充分な取組みを指摘し是正させることです。知人に対しても苦言を呈しなければいけません。監査人は、監査に際して、役目に集中・全力を挙げて、短時間に実態の把握と問題点の抽出・指摘を行う必要があります。被監査側は良く見ています、監査人の鼎の軽重が問われています。まさに「真剣勝負」といえます。

◇　監査テーマ（目的）によって異なりますが、リスクの見落としはないか、リスクアセスメントの適切性、計画・実績の適切性、取組みの形骸化、取組みの重点化は妥当か、過度の取組み（やらされ感）がないか、法対応の状況・規制以上の厳しい取組み、組織としてのあるべき姿など組織の適切性への判断を要望されています。

◇　監査人は的確な指摘を行うために、常日頃の研鑽が必要であり、高度のリスクセンスが必要とされます。

5.3　内部通報制度

本項では、防護壁モデルに基づく防護壁の劣化を診断する内容と異なり、防護壁を避け潜って起きている不祥事や事件、トラブルなどに対応するリスクセンスを身に付ける手法について学びます。

組織の中で法律に違反した行為が行われていたり、違反する恐れのある行為が行われていることを知ったときに直接その当事者に指摘し、やめさせることが難しい場合、公益通報者保護法[注５]に基づき「内部通報制度」と呼ばれる社内外のホットラインを活用して、違反の行為をやめさせる制度が設けられています。

内部通報制度が機能していないという状態に気付くポイントを次の二つと考え、リスクセンスを身に付ける手法について学びます。

①　あなたが所属する組織にそのような趣旨の内部通報制度が設けられているか。

②　制度が設けられている場合、その制度は機能しているか。

職階層別の学習のポイントは次の通りです。

一般実務職は、「内部通報制度」の基本的な要素を学び、活用方法を学びます。中間管理職および上級管理職は、「内部通報制度」を組織内で醸成する仕組みを学び、どのような環境づくりが必要であるか、マネジメントのポイントを学びます。

内部通報制度は、コンプライアンスホットライン（またはヘルプライン）と呼ばれています。窓口は、社内窓口と社外窓口と二つある場合が多く、社外窓口は多くの場合、弁護士事務所です。この制度を利用できる対象者は、正社員、グループ会社社員、契約社員、派遣社員、アルバイト、請負会社社員などの業務従事者の他、顧客、取引先なども含まれることが多くなってきています。

また、ホットラインへの通報が通報者の不利益にならないよう就業規則で定められています。通報された内容は、受付窓口部門で調査が必要かどうか審査し、調査が必要な場合は調査を行い必要な対応がとられます。また、調査が不要な場合はその理由を添えて通報者に連絡されます。

内部通報制度での通報内容は以下のような内容です。

① 法令違反
② 経営に関する重大リスク
③ パワーハラスメント
④ セクシュアルハラスメント
⑤ マタニティーハラスメント
⑥ その他　組織の中で何かおかしいな、変だなと感じる事項

LCB式組織の健康診断® を行った多くの企業で内部通報制度は企業の隅々まで周知されていなく、且つあまり機能していないとの傾向が見られます。内部通報制度が機能しない状態では、不祥事や事件の顕在化が遅れることになることから、周知・徹底の施策の見直しが必要です。また運用する際、以下の点に留

意することを勧めます。

①ホットラインの多ライン化

通報者が不利益を被るのではとの不安の大きさを考えた場合、社内窓口、社外窓口（弁護士）以外の社外ホットラインを設けることも効果的です。特に、グループ会社の場合、親会社の社内・社外のホットラインを加えると有効な場合があります。

②ホットライン（電話番号）の周知徹底

ホットライン（電話番号）を手札サイズのカードに印刷し社員個人へ配布する。また、このカードは取引先にも配布する。さらに、各社内研修の最後に必ずホットライン（電話番号）を確認する、イントラネット上に表示する、社内報に記載するなどの周知徹底が肝要です。

③良いコミュニケーション

通常の業務遂行の中でおかしいとか変だということを気楽に言い出し、相談できる組織風土が最も大事です。

④内部通報制度を支援する職場環境づくり

a. 内部通報制度の教育・研修を気持ちよく受講させる

b. コンプライアンスの担当部門が行うイベントへの協力

[注5] 公益通報者保護法：組織内で犯罪行為があった場合に組織内からの告発（内部告発という）を促進するため、内部告発者を不当な報復行為から守るべく2006年4月に施行された。通報できる内容は法律違反に関するものに限り、誹謗中傷や他人に損害を与えたりするものは該当しない。

リスクセンス検定　練習問題⑥

設問　**内部通報制度の目的から外れる事項と思うものを一つ選んで下さい。**

① 内部通報制度とは、企業において法令違反や不正行為などのコンプライアンス違反の発生状況を知った者が、直接通報できる仕組みで、コンプライアンス経営を機能させるうえで重要な制度である。

② 内部通報制度として、社内通報窓口の設置と共に外部機関への通報が可能な制度にすべきである。

③ ①の内部通報制度では、違反の恐れがあるという状況の段階でも通報できる制度で、違反を未然に防ぐという意味で必要なことである。

④ 社内的な上司－部下間のコミュニケーションが充分なされていれば内部通報制度は特別必要なものではなく、おかしいと思ったことを上司に言えば良い。

⑤ 内部通報した者は、それが理由で解雇や不利益な取り扱いを受けることのないよう「公益通報者保護法」によって保護されている。

☞ **④を選んでほしい。**

解説

コミュニケーションが充分なされている職場でも上司にどんなことでも報告できるという状態ではないと思いま

す。特に上司や上司に関係のある場合は。

5.4　コンプライアンス

「コンプライアンス」は極めて広い概念であり、社内研修では議論がともすれば抽象的になるばかりでなく、自虐的で過度な対応に陥りやすく、常日頃の行動に活かされないことが多くなりがちです。不正は許さないとか安全の確保が最優先であるという組織のトップの決意を現場に反映させるためには、各部門が直面している課題に関連した身近な事例を取り上げ、各方面から繰り返し研修していくことが、コンプライアンス意識を維持し向上させていくために重要と考えます。このときトップや上級・中間管理職が現場に足を運び、現物を手に取り、現実を確認して結論を導くことを実践して示すことが重要です。

具体的には、一般実務職は、コンプライアンスの意義を理解しコンプライアンス違反が企業に与えるダメージについても過去の事例から学びます。中間管理職は、部下がコンプライアンスに沿った業務が行えるよう環境整備、教育研修をマネジメント法を学びます。上級管理職は、企業が行っているコンプライアンス活動がさらに発展し、企業価値が高まるようマネジメント法を学びます。

コンプライアンスへの取組みが不充分という状態に気付くポイントを次の三つと考え、リスクセンスを身に付ける手法について学びます。

① 組織のトップから方針・目標が明示され、実施しているか。

② 上記①のトップの方針・目標は、ホームページ、社内報などを活用し社内外に継続的に発信されているか。

③ 上記①のトップの方針・目標をトップ自ら実践しているか。

5.4.1　コンプライアンスとは

企業が存続していく過程では、様々な事業上のリスクに直面します。地震や台風災害など不可抗力ともいえる天災や、粉飾決算や企業機密の漏洩など社内で想定されるリスクやあるいは顧客や株主などの利害関係者によるクレームなど、社外からもたらされるリスクが考えられ、これらに対し適切な対応をとることが必要です。法律や規制を遵守することは、企業にとっては最低限のことです。お客様の安全をどのように確保するかを考え、実践していくことが、社会的信頼を得、企業価値を高めていくことになります。これが「コンプライアンス活動」であり、そのためには「リスクセンス」を磨き、気付き、行動しなければなりません。

「コンプライアンス」（compliance）は「comply」の名詞形で、狭義には、「法令遵守」ですが、「倫理法令遵守」「法律が制定された背景を理解した行動」との解釈もあります。また、「comply with another's wish」と捉え、ステークホルダーの期待・要請に応え、社会的信用を高め、ひいては企業価値を高めていこうという「コンプライアンス経営」を積極的に展開する企業が主流になりつつあります。

地域の人達にとって化学工場は、危ないものを扱って何か危ないことをしているよく分からない存在となっており、従業員の家族ですら同程度の認識に留まっているのが大半と思われます。企業は事業所での催しや見学会を開き、製品の使い道、工場のありのままの姿や取組みを知ってもらい、自社製品のファンになって頂くことが家族や地域住民の不安や懸念を軽減し、更には企業価値を高めていくのに有効と考えて実施しています。トップにとって定例的に行う全体朝会などは、方針や決意を伝える恰好の機会ですが、ともすれば新鮮味が薄れ惰性になりがちです。トップは方針や意思が現場の作業者に伝わっていないという認識で、具体的な数字を使い、前月良かったことや悪かったこと、当月の目標などの伝えたいことを例え話などを使いわかりやすく伝える工夫をしています。月半ばに現場を回り伝わっているかどうかさりげなく確認するとさらに効果的のようです。現場回りで企業価値を高めた事例を紹介します。

毎日午後３時過ぎになると、あるお客様から「今すぐに出荷してほしい」という注文を頂いていました。そこで在庫が切れていたり配送に不都合が生じれば支障が出る懸念から受注担当者に午後一番に「本日のご注文はございますか？」という電話をそのお客様に入れるよう、仕事の進め方を変更しました。しばらくすると注文は当日午前中になり、やがて前々日になり、さらに前倒しされるようになりました。お客様が仕事のやり方を見直された結果と推察しました。もちろん本当に困っているお客様には即刻対応させて頂いています。

「コンプライアンス」は「組織の健康診断」項目のうち、「組織の管理能力・包容力」を評価する診断項目の一つで「モニタリング組織」、「監査」、「内部通報制度」と共に「防護壁」の物理的な状況を監視し、「防護壁」を強固にしています。

組織の源となるのは構成員である一人ひとりの力です。個人が力を発揮できるためには一人ひとりの知識・経験、センスのある発想力に加え、組織のチームワークが不可欠です。サッカー選手は「Look up」顔をあげて周りを見る、「Eye contact」目を合わせて意思疎通する、「Triangle」三角形をつくり選択肢を増やす、という三つの言葉がピッチ上で大事なことと認識しているとのことです。選手が活躍しやすいようにチームのフロント、サッカー協会、サポーターまで広げた組織運営の背後に、「モニタリング組織」「監査」「内部通報制度」「コンプライアンス」の役割や活動に通じるものがしっかり機能していると感じ、多く学んでいます。

5.4.2　コンプライアンス違反の事例

パワーハラスメント、セクシュアルハラスメント、差別、下請けいじめなどの事例の内、成熟期のマネジメントが行われる中で同じような不祥事が多発した事例を紹介します。

生産している製品がそのライフサイクルの成熟期にあると、市場は飽和状態で価格競争が厳しく、徹底した合理化を通じた経費節減のマネジメントがとられることが増えてきます。

2003年4月に総合化学会社のF社Y事業所に経済産業省が

立ち入り検査し、保全データの改ざんが発覚、翌2004年にかけて他の４社の石油化学プラント、石油精製プラントの現場でも同様な行為が行われていたことが顕在化しました。メンテナンスの担当者が、コスト削減のために安全上からは問題ないと考えた装置や機器の部位で法令で定められた部位の点検を省き、点検を実施したとデータを改ざんし、高圧ガス保安法を犯したという事件です。石油化学および石油精製事業はバブル経済が崩壊した以降事業が低迷し、特に2000年頃は収益が極端に悪化し、会社によっては赤字へと厳しい経営状況が続いていました。F社の保全担当者の立場でM-SHEL分析結果を実施した結果は次のとおりです（**表５－１**参照）。

表５－１の右欄に総計五つ挙げられているLCB式組織の健康診断®項目に関し、この組織が組織の診断法を採用し、常日頃、組織の状態をセルフチェックをし、実効を伴う「C4：コンプライアンス」に関するマネジメントを行っていれば、この事件は起きなかったと推察します。行き過ぎた保全経費削減策の一つとしての保全データのねつ造という行為は、安全上、問題ない装置や機器の部位まで検査を要求していた高圧ガス保安法自体に課題があったという要因も本不祥事を誘発させた大きな要因と考えられ、この不祥事を機に高圧ガス保安法の不備な点が改正されました。しかし同じような厳しい経営環境にある中で、この種の不祥事が起きていない企業が多くあったということを組織人として銘すべきことと考えます。

従来、「コンプライアンス」は組織運営において、組織の利益追求（生産優先、営業優先、スケジュール優先）と倫理との

【表5－1】M-SHEL解析　　L：保全担当者

要　因	原　因	対策を要するLCB式組織の健康診断®項目
Management 指揮、管理	①行き過ぎた保全予算額の厳守 ②高圧ガス保安法の不備 ③法令遵守教育の不備 ④組織内のコミュニケーション不足 ⑤業務監査の不備 ⑥作業管理の不備	B1：トップの実践、 L3：教育・研修、 C4：コンプライアンス、 B4：コミュニケーション、 C2：監査
Software 手順書、マニュアル	①保全作業手順書の不順守	L3：教育・研修、 C4：コンプライアンス
Hardware 設備、道具		
Environment 環境要素 （温度、湿度など）		
Liveware 同僚、上司	①保全部門管理者の法令遵守意識の不足 ②保全担当者の法令遵守意識の不足 ③保全部門の担当者とライン管理者間のコミュニケーション不足	L3：教育・研修、 C4：コンプライアンス

バランスで論じられてきましたが、今や、「コンプライアンス」はトップマネジメント層の率先垂範と共に企業活動の根幹をなすものです。現場の作業者が「法令遵守」から「倫理的法令遵守」「法律が制定された背景を理解した行動」、さらには、「comply with another's wish」の理念を持ち、当事者として行動できるまで高めたいと努めている企業が多い。それらの企業では企業の方針やあり様を社内外に明確に示し、それに関わる取組みを

継続的に行い、情報発信していくことが企業に強く求められていると考え、取り組んでいます。

リスクセンス検定　練習問題⑦

設問　**コンプラアインス違反は、組織文化・組織風土によって創り上げられた目に見えない組織としての規範と法規程との間にギャップが生じた場合に起きやすいといわれています。次の内、コンプライアンス違反が起きやすいと思う組織行動を一つ選んで下さい。**

①　法律を犯した人を、社内規程に則り、厳格に処分する。
②　不祥事が起きたとき、二度と繰り返さないような抜本的な対策を取る。
③　法律違反よりも組織の規範に反する方が厳しい処遇を受ける。
④　タテマエの世界でなくすべて本音で進めることができる。
⑤　内部通報制度が機能している。

☞ ③を選んでほしい。

解説

法律より怖い会社の掟という言葉を耳にします。権威勾配の強い組織における上位の役職者の意向が法律より優先される事例や過去からのしきたりが法律より優先する組織において、不祥事が起きている事例から容易に理解して頂けると思います。

第６章

リスクセンスを鍛える（Behavior）

組織が“健康な”状態を維持できるように、組織のトップは運営方針や目標、決意を明確に示し、組織の各職階層においてはそれらをもとに自分達の職務遂行に適するように具体化した方針や目標を作成し、PDCAサイクルを実践しています。

組織の運営方針や目標、決意が実践されている状態から次の4項目、「B1：トップの実践度」、「B2：HH／KY」、「B3：変更管理」、「B4：コミュニケーション」をとおして、リスクセンスを鍛えます。

6.1 トップの実践度

組織は必ず目的を持って行動しています。組織がその目的に向かってその力を発揮するには、まず構成員の個々の力を育成・研修により高めることが基本ですが、その構成員の属する組織をまとめ、目に見える形でリードするトップの実践が重要です。トップを信頼している組織は、元気になり、そのアウトプットのレベルが上がり、それにより組織内はストレスの少ない風通しの良い労働環境になっていきます。その結果、現場における生産性・品質の向上、安全意識の高揚などの効果につながってゆきます。このような組織およびその環境を健全に成長させ、維持するリーダーシップを持つことがトップに必要です。第一線の実務職および中間管理職は、本項で上司の上級管理職から求められている役割を理解するヒントを学びます。

トップが率先垂範していないという状態に気付くポイントを次の三つと考え、リスクセンスを身に付ける手法について学んでいきます。

① あなたの組織では、組織のトップが掲げた方針・目標が各職階層において具体化されているか。
② その具体化は、トップの言動の一致を伴って確実に実践されているか。
③ その具体化にあたり、PDCAサイクルが実行されているか。

6.1.1　トップが持つべきリスクセンス

組織のトップは常に様々なリスクに取巻かれており、それらのリスクに正面から対峙し、組織として最良の解決となるように対応を決断・実践し、組織をリードすることが求められています。

企業・団体は組織（人の集団）で活動しています。それに加え、その活動は自分の属する組織だけというのは稀で、周りの組織との連携で成り立っています。このような複合した組織で動く場合、組織内および組織連携の両面でリスクを捉えなければなりません。しかし、そこで発生するリスクは多様であり長期や短期のスパンで変化しており、そのリスクをあらかじめ捉えて備えることは容易にはできません。

トップの対峙すべき重要なリスクには「経営に関わるリスク」と「組織・人に関わるリスク」があります。組織・人の基盤がしっかりしていても、組織の目的を達する環境になければ経営が成り立たず、組織そのものを維持することはできません。また、経営環境が良くても組織・人の基盤がしっかりしていないと健全な経営活動を継続することができません。トップは、常に自組織を取巻くこの二つのリスクについて、その変化を捉え、自社の置かれている立場を理解した上で方針を決定し、明示し行動しなければなりません。

しかし、組織を取巻くリスクへの対策として、すべての面について整合性のある解を持つことは困難です。多くのリスクは同時並行的に解決できないジレンマを持っているので、柔軟な姿勢で組織目標に沿った答えを模索して方向性を示さなければなりません。

6.1.2　トップの役割

組織には組織の指導者（上級管理職）、現場の責任者（中間管理職）と第一線の作業者（一般実務職）、組織全体を支えるスタッフ部門・監査部門があり、それぞれの職務の責任範囲において定められた業務遂行すると共に、その業務に潜むリスクに対するセンスを磨き、職務の遂行に活かさなければなりません。この中でトップ（上級管理職）の責任の範囲は最も広く、広範囲にわたるリスクへのセンスの高さと行動・行動力が必要です。LCBの11の項目への関わりは後述しますが、トップは最も情報を入手できる立場にあり、且つ配下の組織についてすべての責任があります。したがってトップは、「トップとしての信念・思いを強く持つ」、「情報は自ら取りに行く」、「常にリスクと対峙している心構えを持つ」ことをモットーとして、「組織の中で常に見える存在でいる」、「言動が一致した行動をとる」、「万が一方針の変更の必要が生じた場合は速やかに通知・説明し、言動の早期一致を図る」など、行動で組織をリードしなければなりません。そのためには、日頃から「組織内のコミュニケーション活性を支援する」、「組織内外での透明性に努める」、「日常を通し組織・人のリスクセンスを育てる」などの組織風土の向上策を方針に織り込んで自ら実践することがトップの役割です。

6.1.3　トップのリーダーシップ

それでは「トップのリーダーシップ」とは何でしょうか？

先にも述べましたように、組織は明確な目的を持って活動していますが、取巻く環境は常に変化し、その変化に対し迅速に且つ柔軟に対応しなければなりません。トップのリーダーシップには二つの鍵があります。

一つは通常時に組織の活性化を図るための「組織・人の育成」に関与することです。トップが表に出ることは少ないですが、「あらかじめ定められた組織・制度・ルール・教育などの運営が組織にとって効果を上げ且つパフォーマンスが向上しているか」、「組織の諸活動の中で良好なコミュニケーションが図られているか」など、自ら積極的に関与しPDCAを回して、組織全体が健全であることを常に把握し、潜在的な課題を認めたときには、迅速な改善・是正を指示し、組織との強い信頼関係を築くように関係部門と共に行動する影のリーダーシップが必要です。

もう一つは「変化に対し、迅速に信念を持った決断を示すこと」で組織の士気を下げないことです。周囲を取巻く変化は、組織にとって良い方向に働くこともありますが、従来の方針との不整合が発生することが起きることがあります。このような場合、「トップの迅速な決断」が遅れると組織全体および周囲の組織が混乱し、その影響は急速に拡大してしまいます。後追いになった対応は、組織の士気を下げる原因につながってしまいます。したがって対応の方針を素早く検討・判断し、毅然と対策を出し、明確なリーダーシップを示すことが重要です。また、組織目標は明確でもその時点での変化に対する情報が限られている場合、その決断した方針が正しいとは限りません。このような状況においてもトップは常に複数の方針（カード）を持ち、変化する状況を直視することで、より素早く次の方針を提示しなければなりません。

トップのリーダーシップが高くないとそれだけ組織の士気・活性に悪影響を与えて、周囲からの組織に対する評価を下げてしまうことになります。「組織・人に関するリーダーシップ」と「変化に対し、迅速に信念を持った決断を示す」の両面について、組織の構成員がトップをどのように評価しているかが、「トップへの信頼」の大きな鍵となります。

6.1.4　LCB11項目に基づくトップの実践

(1) LCB式組織の健康診断®評価

「LCB式組織の健康診断®」で、トップの実践度についての

６段階評価を行うと、最も優れた評価（６点）は以下のような状態と定義されています。

- トップの組織内への情報発信が定期的に行われると共に、組織の中間管理職や一般実務職からフィードバックも行われており、トップの考えが浸透している（組織の各職階層との間に良好なコミュニケーションが存在する）
- 主要な行事への参加など、組織内の風通しも良く、組織の構成員はトップを信頼している
- 見える形での経営資源の投入も行われており、リスク要因の解消に積極的且つ具体的に取り組んでいる
- 結果として組織のトップの掲げた方向・目的が組織のメンバーにブレークダウンされ、実践されているかで、その役割分担の状況、そしてトップの実践度が分かる

（2）LCB式組織の健康診断® の11項目への関与

前記の最も優れた評価を得られるトップは、LCBで診断している11項目対し、適切に関与し、行動しています。具体的には、以下のとおりです。

- **L1：リスク管理**

  各職階層・各担当分野でリスク感度を高めるべく具体的方針を作成させ磨いている。

  個人の「気付き」を評価し、積極的に採用する仕組みとしている。

- **L2：学習態度**

  「過去に学ぶ」「他に学ぶ」「先を学ぶ」について学ぶ機会を多様に設けている。

日常活動の中での報・連・相＋反が習慣となるよう指導している。

- **L3：教育・研修**

  基本となる教育・研修の充実を図り、個人および組織を育成している。

  組織の持つ重要な分野のノウハウ・技術を育成・継承する仕組みを育んでいる。

- **C1：モニタリング組織**

  独立したトップ直轄の組織としている。

  適切な人材を配置し、直接部門とローテーションを実施している。

- **C2：監査**

  監査結果を踏まえて是正活動を指揮している。

  監査担当部門を経営のスタッフとして機能させている。

  監査役を独立した経営監視機能として尊重している。

- **C3：内部通報制度**

  組織構成員が信頼して使う制度となるように支援している。

- **C4：コンプライアンス**

  組織の存続の原点として捉え、最重要課題として取組み、自ら発信している。

- **B1：トップの実践度**

  本節に述べるとおりに実践する。

- **B2：HH/KY**

  マンネリ化を打破する仕組みを工夫し、継続的に活動を評価し支援している。

- **B3：変更管理**

  変更管理を阻害する要因を顕在化し、組織全体で解消に努めている。

  ルールだけによる完全性は難しく、「日常の気付き意識」の高揚を図っている。

- **B4：コミュニケーション**

  組織・人の信頼関係の根本とし、自ら能動的に実践している。

  組織内のコミュニケーション阻害要因の早期発見と迅速な対策に努めている。

  組織外とのコミュニケーションを活発化させる機会を設けている。

6.1.5　組織に関わる次世代への課題

モノづくりの世界では、次世代に向かって様々な課題を抱えています。皆さんが感じられていますように、ますますグローバル化する市場での製品需要と供給のバランスが成り立っている昨今では、今までの常識では通用しない様々な多様な価値観を受け入れなければなりません。モノづくりそのものの価値も変化しますが、組織に対する変化も求められます。例えば、日本では少子高齢化による労働人口の減少、グローバルな人材の登用、グローバルな組織でのビジネスのスピードアップなど、モノづくりの現場にも直接影響を与える課題を抱えています。

現場の組織の根本に触れるようなインパクトが発生することが想定されますが、従来の優れたモノづくり文化を継承し、変化を捉えて吸収する姿勢でより強いモノづくりの現場をつくらなければなりません。そのためには、上記で述べたトップの高度なリスクセンスとリーダーシップの実践により、強い方針のもとで組織をまとめていくことが必要です。

リスクセンス検定　練習問題⑧

設問　**管理者が部下を集めて安全の話をします。第一線の実務担当者向けの安全講話の内容としてふさわしいと思うものを一つ選んで下さい。**

①　安全の話に生産予算が未達成な生産状況の話もした。

②　安全の話に最近品質トラブルが起きたこともあり品質確保の話もした。

③　安全だけの話に限定し安全第一の気持ちを伝えた。

④　安全の話に最近納期トラブルが起きたこともあり納期厳守の話もした。

⑤　安全の話に最近環境トラブルが起きたこともあり環境問題の話もした。

☞ **トップは、安全が第一を伝える場合、安全がすべてに優先する姿勢を示すことが重要と心得、③を選んでほしい。**

解説

第一線の実務者にとってトップの「安全第一」への強い姿勢を感じるのは③だけと推定します。安全行動の意義をその背景から必要な行動、そして結果として得られる各人のメリットなどを丁寧に説明し「安全行動だけを」強く印象付けて、行動に結び付けてもらうことが安全講話の目的です。例えば、④の納期が守れない場合には顧客に多大な迷惑をかけるような生産現場で、生産期間に時間的な余裕がないときに生産機器に突然異常が起きた場合、現場の人は顧客に迷惑をかけたくないと考えがちで、次のような不安全行動をとる恐れがあります。マニュアルでは当該機器の異常事象の際には当該機器を緊急停止させ、異常現象をなくしてから再稼働と決められているところ、納期優先の気持ちからそのまま注意深く監視しながら生産を続けるとか、当該機器を稼働させたまま異常の原因を取り除こうとするとかのマニュアルに反した不安全行動です。現場の人にとって安全な行動を躊躇させる原因となる管理者の生産優先、ロス低減などを強調する言動で事故が起きた例が非常に多いことから、③を選んでほしい。

Column 8

経営トップ層の安全施策への動機付け

組織の安全維持への動機付けとして有効な手法は、トップ層の安全第一に関する率先垂範であることは論を待たない。経営層が「組織統率」を通じ、「(経営) 資源の管理」で具体的な施策を示すことやコミュニケーションを通じた「相互理解」が第一線の実務層への安全活動への動機付けになることは多くの組織で実証されています。

現在、安全文化をこれら「組織統率」、「資源の管理」、「相互理解」など八つの構成要素から成るとした保安力向上の活動が始まっていて、これら八つの構成要素で最近の化学産業事故の検証を行い、経営層から第一線の実務層までの安全行動に関する動機付けに言及した研究[注]が注目されています。八つの構成要素間を四つのループで相関付け、経営層による「統率ループ」と「相互理解ループ」が機能することにより、組織構成員が動機付けられ、「学習ループ」が機能し安全文化が維持できるという内容です。

一方で、経営層への動機付けについては「組織統率」の上流にあるとし、第一線の実態情報とコミュニケーションを通じた「相互理解」が動機付けとなることに注目していて、経営層が「当社の安全施策は不充分」というセンスを常に持つことを提案しているように感じています。

6.1 トップの実践度の項の“リスクセンス検定　練習問題⑧”(p.127参照) で「管理者層が陥り易い第一線の人達が二律背反的と受け取りかねない言動」の事象を紹介していますが、トップ層のリスクへのセンスがますます求められる時代が近いと感じています。

[注] 宇野、高野:「安全文化から見た最近の化学産業事故の原因」安全工学、53-2、pp115～122 (2014)

6.2　ヒヤリハット・危険予知

事故やトラブルなどを未然に防止する活動として、ヒヤリとしたりハットとしたりした大きな事故やトラブルに至らなかった段階で対策をうつ「ヒヤリハット（HH）活動」、職場に潜んでいる危険を予知する「危険予知（KY）活動」があります。さらには事故やトラブル、不祥事が起きたとき、ヒューマンファクターのみならず組織の要因まで原因究明を行い、再発防止対策を策定するなど、多くの活動が行われています。またHHが起きないように5S活動が併行して実施されています。

HH・KY・5Sへの取組みに問題があるという状態に陥ったと気付くポイントを次の三つと考え、リスクセンスを身に付ける手法について学びます。

① あなたの組織では、KY活動やHH活動、5S活動が実施されているか。

② KY活動やHH活動、5S活動ではPDCAサイクルが実行されているか。

③ 事故やトラブル、不祥事が起きたときは、ヒューマンファクターのみならず組織の要因まで原因究明を行っているか。

本項では安全活動の優れているA社の実例を紹介します。一般実務職、中間管理職および上級管理職は、それぞれの立場から活動のヒントを学びます。

6．2．1　ヒヤリハット（HH）

A社はヒヤリとしたこと、ハットしたことを所定の書類に記載し、上長が内容を確認して安全衛生委員会に提出する仕組みで運営しています。安全衛生委員会では提出された内容を吟味して改善を行います。一般的には関係する案件として改善の横展開を行っていくのが通常の運用です。

A社は改善活動とヒヤリハット（HH）を組み合わせて職場の安全・環境対策を行っています。HHを提出する個人が属しているグループ内でその対策についてまで、話し合いを行います。提出時には対策が記載された改善提案書も添付されるため、上長は対策内容も確認して提出します。内容によって横展開判断もできるため早急に対策を取ることがあります。このような運営により通常の運用より1カ月ほど早く職場の安全・環境対策が可能です。

多くの会社でもHHから解決するために題目を決めていると思います。題目は身近な題目であり且つ改善すべき案件でもありますが、個人の責任にもなりがちです。個人に責任があるとしていては改善活動に発展しないこと、またミスした作業が作業自体の意味や理由など全員が知らないことも多い。そこでA社は作業形態や機器が適切なのかについてグループ毎に議論することとしています。

議論は声の大きい人や経験の長い人が回答すると別な意見など発言がなくなり発展した解決につながっていかないため、経験の浅い作業者から発言を行うことにしています。経験が浅い作業者からはなぜ行う理由や必然性について発言されるため、経験が長い作業者は理由など説明する必要性が発生します。知っておく必要がありながら分からない作業理由などは技術担当などに確認や勉強会開催を行って理解しています。

このようなグループ間対応を行うことは、作業の標準化と技術伝承にもつながっています。無理な体勢で行っていた作業から改善できる場合も多いという実績があります。設備の設計者や研究開発者は必ずしも作業形態や作業環境などを知っていません。そのため無理な姿勢で作業を行っている場合が多く、経験が長い作業者ほど改善を行わずに行おうとする職人魂を発揮することが多くありました。その名残で設備改善や作業変更に至らず、設計時のまま継続することが多く、その作業伝承が続き、且つ行う頻度が少なくなっていき、非定常な作業となり、いつしか事故を起こしてしまうことがありました。A社の方法は、口頭伝承の不確かさをなくしつつ作業の統一へとつながり、口頭伝承から移行できる良い方法と考えています。

6.2.2　危険予知トレーニング（KYT）

KYTは危険予知トレーニングとして各職群で使用できるアイテムですが、化学工場に限定すると題材は少ないです。そのため、過去の自社の事故や失敗の知識ベースなどから自社の仕事に類似した作業形態や原材料から題目を決め、グループ討議を行うことが多いです。

A社は、自分達のミスやHHから解決するために題目を決めています。身近な題目であり且つ改善すべき案件でもありますが、個人の責任になりがちです。個人の責任問題としていては改善活動に発展しないこと、またミスした作業が作業自体の意味や理由など全員が知らないことが多く、作業形態や機器が適切なのかについて議論することは前項のHH活動と同じです。

議論は声の大きい人や経験の長い人が回答すると別な意見など発言がなくなり発展した解決につながっていかないため経験の浅い作業者から発言を行うことも前項のHH活動と同じです。

このようなKYT対応を行うことは、作業の標準化と技術伝承につながっています。

題材を探すのにアクセスするデータベースの例を以下に記します。

- 失敗の知識データベース：
  URL http://www.sozogaku.com/fkd/
- リレーショナル化学災害データベース：
  URL http://riscad.db.aist.go.jp/
- 化学物質の爆発安全情報データベース：
  URL http://explosion-safety.db.aist.go.jp/
- 爆発火災データベース：
  URL http://www.jniosh.go.jp/results/2013/0218/index.html

6.2.3　6S（整理、整頓、清掃、清潔、躾、センス）

6Sで特に難しいのは躾の維持です。整理、整頓、清掃と清潔の4Sは各企業・各職場が行い続けている運動であり、4Sを維持するために必要なのは躾と考えています。決まった場所へ借りた物を戻すことや掃除をすること、そしてごみを捨てることなどは仕事として理解し行っていますが、続けるための意識付けには躾の意味合いを浸透させる必要があると考えています。

躾の事例を紹介します。A社ではトイレの手洗い場にはミニタオルを用意しています。手洗いを行うと水が跳ね跳び手洗い場は汚れています。今ではハンカチを持参する作業者も減ったうえに、自分のハンカチできれいにすることはまずなりません。そのためミニタオルを用意しています。自分が汚した手洗い場を次に使う人にきれいであることを喜んで頂くため用意しています。

よく次工程はお客様と思えという説明が行われていますが、製造の次工程の人だけでなく、生活の次工程の人にも喜んで頂く気持ちを根付かせるための良い方法と考えています。効果は製造現場の4S維持だけでなく、購入頂く製品への思いにも広がっています。また工場では自分の作業着を自分で洗濯・乾燥することにしており、そのために洗濯乾燥機使用者の乾燥が終わった作業着が洗濯乾燥機の中にあった場合、乾燥が終わっている作業着を折りたたみ、洗濯乾燥機使用者のロッカーへ届けることまで自発的に躾ルールとして定着するようになりました。

洗濯乾燥機使用者のロッカーへ届けることで、ありがとうの感謝の気持ちや笑顔を得ることができる喜びが躾を浸透させることにつながり、またコミュニケーションの活性化にもつながっています。

HHやKYTからの改善を掲示して活動が他者にもわかるようにしています。その過程でその改善にセンスがあったのかを製造部門で判断するように活動が発展しました。センスのSを加えた6S活動です。改善したことが「ヒヤリをなくしたり危険をなくしたりできたのか？今一歩の改善であったのか？他部署からみたら別な改善の方が効果があったのではないか？」など改善後の効果確認に使用しています。各グループの、そして個人においても改善精度向上にもつながり、活動を行っている本人の励みにもなっています。

リスクセンス検定　練習問題⑨

設問　A社ではいつもと違うこと、オヤッと思ったことを直ちに上司に申告することを「ファインプレー」と定義し、申告活動を展開しています。この「ファインプレー」は、改善提案と異なり、製品や装置の異常、仕事のやり方の異常の発見を早期に発見できることが多く、申告された内容に適切な措置をとることにより損害や被害を最小限に抑えることに貢献しているとのことです。この「ファインプレー」申告制度を最も効果あるように運営するために最も重

要と思うものを一つ選んで下さい。

① 職場の雰囲気を異常と感じた人が素直に率直に申告できるように維持する。
② 申告を受け取る人が迅速に且つ的確に行動できるように感性を磨く。
③ いつもと異なったことに気付く感性を磨く教育をする。
④ 申告した内容のフィードバックシステムがしっかりしている。
⑤ 申告された内容をすぐ検討する体制をしっかりつくる。

☞ **②を選んでほしい。**

解説

個人として何か変だ！と気付く力を有していても組織として、その事象を共通認識できる組織風土が定着してなければ、そのまずい状態は放置され事故や不祥事が起きてしまいます。何か変だと感じた人が率直に申し出ることも重要ですが、申し出を受け取った人の感性が素晴らしく、申し出があった内容をすぐ検討し、申し出をした人にフィードバックすると共に組織として検討結果を実施することの方がよりも重要と考えます。提案制度で提案した案件のフォロー率が高い組織では提案件数が多いことはよく知られていることです。五つの内で最も重要と考えたいのは②のケースです。

6.3　変更管理

「変更管理」とは、変更に伴うリスクを事前に想定して対策を講じ、事故、トラブルや不祥事などを防止するためのマネジメント活動のことをいいます。

事故やトラブルなどの大きな原因の一つとして、規則やマニュアルなどの変更された内容が、正規の手続きを踏まずに暗黙裡にルール化した場合、また検証がされずにシステムが導入された場合があります。さらに、変更内容が組織全体に徹底されていなかったことが原因となる場合があります。

「変更管理」の対象範囲は、機械・設備などのハードウエアの変更、手順・方法などのソフトウエアの変更、原材料の変更（補助材料、粒度、不純物を含む）、人の変更（能力、教育、配置換え）、マネジメントの変更、契約の変更などを含みます。

変更管理への取組みに問題があるという状態に気付くポイントを次の二つと考え、リスクセンスを身に付ける手法について学びます。

① 上記の変更に際して、変更手順、変更審査の会議（組織）、審査者・承認者などについてルールを定めているか。

② 規則やマニュアルを変更する場合、変更することのリスク評価を行い、その上で変更した内容を組織全員に周知徹底し、そしてまた変更したことを適宜見直しをしているか。

永年の実績に基づく「変更管理」のマネジメント法を紹介します。一般実務職、中間管理職および上級管理職は、それぞれの立場から活動のヒントを学びます。

6.3.1　変更管理の失敗の教訓

最も重要なことは、各案件を変更と認識し、「変更の管理」のもとで変更アセスメントを実施する、ということです。変更の管理下で業務を実施するのと、意識されないで実施されるのとでは、ほとんどの場合は同じ結果をもたらすと思われます。しかし、変更の管理の失敗による大事故の教訓は、小さな変更がそれと意識されずに実施されたことによることが多いことを示しています。不充分な変更管理あるいは変更アセスメントをしなかったことは事故の源泉であるとの認識を持ってほしいと思います。

6.3.2　運用初期の推進エンジン

まだ変更管理を運用していない事業所は、変更管理に熱意を持った管理者を指名して他社の運用法を勉強し、自事業所にふさわしい変更管理規程を策定して形から入るのが望ましいと思います。最初から変更管理の理念に沿って実行するのは難しいようです。どのように運用開始するかはまず様式などの形を制定しておき、変更管理に伴うハザードへの対応などの打ち合わせをして、次第に変更管理の運用法を理解していきます。その後、自事業所の変更管理の失敗事例を題材に2,3件の変更経緯書を作成して「こうすればよかった」と教育します。複数の部署からなる事業所では、トップランナー方式で良い変更運用法を見習うことができるように情報交換の場を設けると良いようです。

6.3.3　「変更管理」教育のポイント

変更管理の要点：「変えたところから失敗がはじまる」と思うことが重要です。新しい技術やプロセスの変更は新しい問題を提起します。

① コンピュータ科学の黎明期の大家アレン・ニューウェルが言った「科学は細部に宿る」をもじり、変更管理では「失敗は細部に宿る」といえます。

微細部分の軽視が大きな失敗につながることを意味しており、プロセスの主要部は時間をかけて検討するが、相対的に時間をかけない微細部や周辺部から失敗が発生することが多い。この弊害を防止するためには一人の力は小さく、設備管理部門など周辺の協力が必要と考えます。

② 全体を考えよう。変える部分は検討するが、その際、バランスが大事で全体を捉えて検討しよう。

③ 一生懸命考えても、調査したりよく検討した所からは失敗は少ない。それらの箇所では長年トラブルが発生していないという負の成功経験が見えないリスクを洗い出す目を曇らせます。

④　変更情報を共有化し、請負作業者や設備管理部門などの関係者に漏れなく周知することが必要です。

⑤　実施状況の確認。3カ月に1回のレビューにおいて検証を実施しますが、マンネリ化防止の最大の武器は管理者が握っていると考えます。

成長エンジンのアクセルとブレーキは誰が踏んでいるか？それは部署長です。大きな事故の教訓や過去のトラブルの再発防止策をどれだけ多く引き出しに入れて、直面してくるハザードに対して思い出せて気付かせるか。事故情報をいかに自分の設備ならばどういう箇所が該当するかの研究が重要なのは、これらからの教訓を変更管理のリスクアセスメントの際の潜在ハザードへの検討に活用しているからです。

⑥　変更管理の手続き上の書式への記入を完了しますと、変更管理を実施した最初の満足感が現れますが、三つの基本である透明性・共通性・対話性を考慮したかを問うてみましょう。

6.3.4　変更管理の構成

変更管理は二つの機能で構成されていることが運用を開始して数年経過すると認識できてきます。

その一つ目は変更のリスクアセスメントの管理で個々の業務の具体的な中身に関して対応するという機能です。これは変更のリスクアセスメントの部分にあたり、リスクアセスメント、文書化、周知訓練、管理策の実施、有効性の確認を含むもので、個別の変更案件の技術的な内容であり、部署単独、複数部署、チーム、プロジェクトなど様々な形態で実施されます。実施のためには適用範囲、変更の内容や規模により審査の方法と審査・承認を行う者・事後評価の実施の手順を定めた変更管理標準を作成して運用します。

二つ目は変更の統合管理の部分を指し、変更の統合管理、変更のリスクの管理に係るPDCAのコントロールや記録を通じて変更管理全体のコンダクターとしての機能です。

事業所の安全管理部門が実施する内容としては資源・役割・実行責任・権限、教育、文書管理、記録の管理、パフォーマンスの測定を定期的レビューや監査などを通じて実施状況をモニターします。事業所全体にわたる変更管理への対応については個々の変更管理標準の上位規程としての変更管理規程を定め、維持します。

6.3.5　変更管理の総括管理

(1) 安全管理部門の役割－その１

安全管理部門のように工場の事務局として統括的に変更を管理する部署は、各部署で実施された変更のアセスメントが、変更管理基準の定めどおり正しく実施されているかどうかを内部監査などでチェックします。但しアセスメントの技術的な内容の正しさについては、必ずしも安全管理部門で判定する必要はないと思っています。

特に大事なのは変更工事後の検証が期限までに実施されたかどうか、部署が定期的に（だいたい３カ月毎）その進捗をチェックしたかどうかをチェックすることです。これらの総括は工場全体としての経営者にマネジメントレビューのインプット情報として活用します。

日頃から部署長が確認していれば、定期的に実施される内部監査で確認すれば97％は充分であると思われます。残り３％は変更管理の防護壁を抜けますが、スイスチーズモデル的には他のチーズの穴でトラブルが防止できています。しかしながら、変更管理の起案者の属人性でぶれないようにこの３％を小さくする必要があります。そのためにさらに仕組みがより向上するよう教育を実施します。

統合内部監査での指摘事例として、「予備枠申請の工事の変更管理のうち一部がその事後検証が不充分であった」事例があります。

（2）安全管理部門の役割－その２

さらに変更管理の仕組みがより向上するよう教育を実施します。変更管理の俎上に乗ってくる件数は通常年々増加していくものです。特別な理由がない限り、件数の推移や年度集計と各部署の重要案件の発表を聞くことでも部署の管理度合いをチェックできます。

変更管理の意識向上のため安全管理部門が実際に実施できることとして以下を挙げます。

①　統合内部監査での指摘の共有化

②　部外講師による変更管理教育（外部からの刺激は新鮮で有効）

③　各部署の変更管理推進者ミーティングの活用（各部署の重

要案件・件数の推移の発表など）

④　工場で決めた変更管理規程の読み合わせ

6.3.6　変更管理のCAPD

変更管理は管理の流れ上、PDCAのサイクルでなく、CAPDといえます。変更管理の案件を俎上に載せた後にリスクアセスメントが実施され、実際の変更が実施され、チェックが入る仕組みとして変更管理の模式図を以下に示します（**図6－1**参照）。

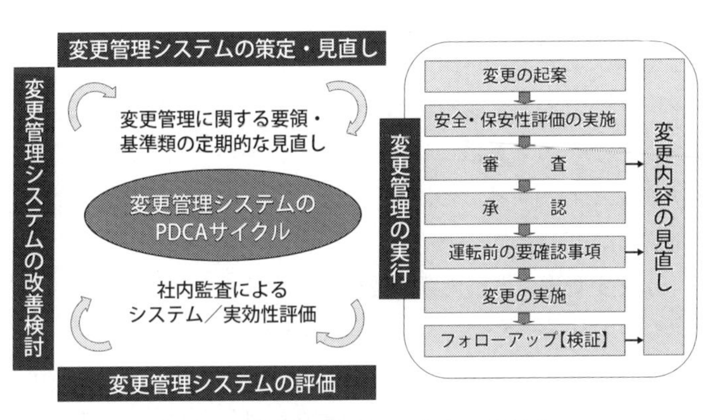

【図6－1】変更管理システムのCAPD

6.3.7　変更事項のリスクアセスメント

(1) 変更管理に伴う行為の軽重

変更管理の出発点であり、俎上への乗せ方と関係します。変更作業・工事・起業などを計画する際には、関係者に変更管理が始まる認識を喚起することが重要となります。起案された行為の重要度（工事費用や手順の変更規模の軽重）のランク基準を定めてそれに沿って判断し、対応します。

(2) 変更管理に伴う管理の軽重

検討の俎上へ乗せただけでは管理のレベルは定まりません。変更管理の対象とされた起案事項をどのようにリスクアセスメントするかを決定するためには、その実行に伴う潜在的な危険性やリスクの大きさを把握しなければなりません。つまり、変更管理がもたらす影響の検討結果を事前に予測し、影響が大きいと予測できるものは重い仕組み、影響が小さいと予測できるものは軽い仕組みによりそれぞれの管理レベルを決めます。実際には影響の大きさはこれらの管理の仕組みを回し、評価を終えた時点で判明することになりますが、だいたいのことはアセス前に予測できます。

(3) 変更管理に伴う影響の軽重

「変更のリスクアセスメント」に関連する部分です。

(1)で提起された起案事項に対して、上記(2)で振り分けられた管理レベルにより、プロセスの危険性やリスクを評価します。

6.3.8　事例「重油流出」事故から学ぶ

【経緯】

1974年12月18日瀬戸内海に面するG石油コンビナートのタ

ンクヤードで5万kℓのドームルーフタンクにC重油を受入れ中、タンクの液位が17mに達した頃（満液では高さ23m）、底板溶接部に割れが発生し、タンク底部から油漏れが発生しました。宿直長は当該タンクの油を隣接タンクに移液するように指示し、係員が移液バルブを開いたところ、振動音を伴って大量の油が噴出し始めました。しばらくしてタンクに設置されていた高さ約20m直立階段付近の基礎部が陥没し、山砂および砕石を押し流したため直立階段が倒れ、防油堤を上から押しつぶした形で破壊しました。このため流出油を貯留できるはずの防油堤の破損部から、流出した油が排水溝を経て瀬戸内海に拡散しました。

【被害】

被害は隣接タンクの重油も合わせて、合計約4万3,000kℓの重油が流出し、うち約8,000kℓが瀬戸内海の3分の1を汚染しました。

流出油の損害は15億円でしたが、沿岸漁民に対する補償、流出油の回収費用および長期操業停止などを含め、約500億円にも及ぶ膨大な損害となりました。

【原因】

原因は発災タンク本体の完成後に工事計画のミスにより最初から設置しておけば良かった直立階段を単独で設置したことです。タンクは使用を開始してから9カ月しか経っていませんでしたが、下記原因で直立階段が設置されたタンクの底部の締め固め不良で、タンク底板が受け入れ重油の重みで破損しました。

このとき、水張り水位12mのままタンク直近の基礎をタンク外周に沿って約５ｍ、側板から中心方向に約0.4ｍ掘削し、直立階段の基礎が打たれました。工事終了後に底板下は埋め戻されましたが、作業の困難さがあり充分には締め固められませんでした。このため、直立階段付近の不等沈下量が約160mmと最も激しかった。

事故当日は前夜中の雨が朝まで残っており、基礎の山砂は多くの雨水で運び去られ、さらに含水によって強度が低下し、支持地盤の局所的破壊からタンク底部に亀裂が発生し事故に至ったものと見られています。

【変更管理の教訓】

①変更工事であるタンク完成後の直立階段設置において不完全な工事が局所的地盤沈下を発生させ、タンク底部に亀裂を発生させた。

②タンク建設時に関連するすべての工事が設計されて、実施されなければならない。後での追加工事にはリスクが多い。

リスクセンス検定　練習問題⑩

設問　**一般的な事業所で変更管理を運用しているときに下記のような場面が発生しました。対応として正しいと思うものを選んで下さい。一つとは限りません。**

①　同一寸法での機器更新時、すでに類似機器で同様の更新をし、リスクを評価済みだったので変更管理はしなかった。

② 制御機器のPIDパラメーターを変更した。

③ 危険物一般取扱所の中の除害塔用50Aの工業用水の配管のルートを変更することを製造部門から依頼され、危険物の配管でないので変更管理をしなかった。

④ 即断が必要な変更管理が緊急時などに発生することがある。そのような対応をした場合、後日重要なものについてそのときのハザード回避の妥当性確認を通常の安全性レビューで実施することを定めた。

⑤ 長期操業で緩やかな変化が重なり部分的に局部過負荷による故障や腐食が加速されたり、増強や変更で設備機能が部分的に機能不足を生じる可能性がある。異常兆候の早期発見のため長期間の実績トレンド記録による確認または必要計測点の追加見直しをした。

⑥ 製造部門から腐食防止のため依頼された同一の寸法、形状でカーボンスチールからステンレススチールへの高級材質への変更を実施した。

☞ **選んでほしいのは④と⑤と⑥です。**

解説

①は同種の機器の更新は変更管理の対象にならないが、「軽微な変更」という分類で変更管理の技術検討の遡上に上げている事業所もあります。

②は手順書の管理値の範囲であれば許容され、変更管理の対象にならない。

③は危険物一般取扱所内に存在する非危険物の配管も届

出の対象であり、変更管理の対象になります。

④は緊急時の変更管理の検証をレビュー対象にしておき、次に備えることができます。

⑤は非意図的な緩やかな変化がこのような事象を発生させることがあるので、肉厚測定点の追加などで対応しておく必要があります。追加は変更管理の対象となります。

⑥は環境応力腐食割れを招く高級材質への変更もあるし、材質変更は変更管理の対象となります。

【引用・参考文献】

1）化学工学会安全部会：化学工学テクニカルレポート（No.43 Limited Edition）変更管理のあり方を探る（2012）

2）失敗知識データベース失敗百選：
URL http://www.sozogaku.com

6.4　コミュニケーション

組織内のコミュニケーションが良好な組織では、事故やトラブル、不祥事が少ないと言われています。特に、組織のトップが積極的に組織のメンバー（協力会社を含む）との対話に努め、組織の向上心が高く維持されている場合には大きな事故や不祥事などは起こりにくいと言われています。

実現したい良いコミュニケーションの状態を次のように設定しています。

「組織のトップが積極的に組織のメンバー（協力会社を含む）との対話に努め、組織内の報・連・相＋反（報・連・相に反応し、同意する、反問する、反復する、反論するなど）」が習慣づけられていて、組織のメンバーがプレッシャー（例えば、生産優先、財政優先、スケジュール優先などのプレッシャー）の状況下でも上位者に意見具申ができる組織風土である。また各種の活動も全員参加で行われ、組織のメンバーも向上心は高い。」

コミュニケーションが良好でないという状態に気付くポイントを次の三つと考え、リスクセンスを鍛える手法を学びます。

① 組織のトップが積極的に組織のメンバー(協力会社を含む)との対話に努めているか。

② 組織内の「報・連・相＋反（報・連・相に反応すること)」が習慣づけられているか。

③ 各種の活動も全員参加で行われ、組織のメンバーの向上心

は高く維持されているか。

３職階層別の学習のポイントは次のとおりです。

一般実務職は、コミュニケーションの重要性を今一度学び、「報・連・相＋反」の「反」、即ち、反応し同意する、反問する、反復する、反対・反論するなどを身に付ける。中間管理職および上級管理職は、「報・連・相＋反」が習慣づけられているコミュニケーションが良好な環境づくりのマネジメントのポイントを学びます。

６．４．１　コミュニケーションの重要性

皆さんは、実際の危機的な現場において遭遇する実際的な場面では、思っていたような状況ではなかったとか、本社では現場からの情報が充分に伝わってこないため、どのように判断して良いか困ったという経験をお持ちではないでしょうか。一方で、現場では本社からの適切な指示がないので、現場において充分な資源が不足して対応に苦労したとの話は多くの場所で聞いています。

理想的条件や想定した前提条件のもとで成立するものが、それを実際の場面に応用する際には、必ずしも、現場ではそのまま適用できなかった経験を私達は痛いほど経験してきました。

企業では、組織内部の資源を最大限に活用して、危機的な状況を克服して、解決していくことが重要です。その際の資源の活用は、通常業務時の資源活用とは比較できないほど重要であり、時間が制約されている条件のもとで、効率的に、必要に応

じて、集中的に投入する必要があります。

このことを可能にする重要な方策の一つが、組織内における風通しの良いコミュニケーションの実践であり、資源の最大活用と的確な投入を可能にします。組織の頭脳である本社幹部は組織全体をみて大所高所から、即時、的確に判断して指示命令を行うことが重要です。また、事故・トラブルの緊急時対応を実践する現場の関係者は、災害をできるだけ軽減し、他の組織や施設への及ぼす影響を少なくし、最も大事な社会の方々や環境への影響を最小限に抑える努力に全力投球することが望まれます。組織的な最大限の効果を得るためには、本部・現場間などの情報のコミュニケーション力を鍛えることが重要です。

6.4.2　情報伝達の歴史

コミュニケーションを人類の長い歴史からみますと、また、ゴリラやチンパンジーなどの類人猿の生態をみますと、言葉のない時代から、他の仲間に叫び声や仕草で危機を伝えていたことが想像されます。約3万5千年前に、クロマニヨン人は高度な分節音声言語を取得し、部族間内で意思の疎通や危機的な状況での情報交換をしていたと考えられています。また紀元前3,100年頃には、シュメール人は文字を発明して他の仲間との間の意思疎通を図っていたものと考えられています。1450年頃にグーテンベルグが活版印刷技術を発明し、1800年代にはタゲールによる写真、モースによる電信、ベルによる電話、エジソンのキネトスコープ（映画）が発明されました。1900年代に入ると、ラジオ、テレビなどが発明され、それぞれの時代の情報発信や情報交換に利用されてきました。

人類の言語獲得の歴史をみますと、社会生活を営む人類の間に行われる知覚・感情・思考の伝達において、言葉による意思の交換、情報の交換の時代が長いことが分かります。また、身振りや音声などによる生物としての情報交換も重要な意味を持っていることが理解できます。印刷、テレビなどの情報伝達の技術が発達し、IT技術の発達により、情報のスピード感、映像などの膨大な情報量の伝達や交換の時代になっても、情報について受信者である人間の本質的な受容能力は、生物的に大きな進化があるとは考えられません。

組織内におけるコミュニケーションは企業の組織間における意思疎通や情報の伝達であり、人間で言えば、神経とか、動脈として、組織間の重要な役割を果たしているものと言えます。

組織内のコミュニケーションが滞り、閉塞してしまいますと、通常時の業務を執行する場合において組織間の連絡・協力が充分図れなくなり、組織の健全な運営ができなくなることは自明です。さらに、危機的な状況においては、限られた資源（人材、施設・設備、予算など）の有効的に利用することにより、時間との制約の中で、迅速に、最大限の効果を上げて、事故・トラブルの影響を最小に抑えることが極めて重要になります。

6.4.3　コミュニケーションのポイント

組織内のコミュニケーションが難しいといわれる所以は、自分は自分の意思を充分に伝えていると思っていますが、受け手がその意味を充分理解できないということが大きいといわれています。即ち、コミュニケーションは双方向の情報交換ですが、発信者の個人にとって、自分の言いたいことが必ずしも、充分伝わらないところがあります。

昨今の情報発信手段の発達により、電子メールによる情報交換が頻繁に行われていますが、自分の伝えたいと思っていたメッセージが相手側に充分理解されていなかったことや双方の意思の疎通が全く図れていなかったことに愕然とした経験を持つ方も多くいるのではないでしょうか。

企業の事業の持続・発展については、経済的な成果を上げることは当然ですが、一方で、重要なことは、安心・安全確保の観点を決して忘れてはいけないことです。いかに、社会に対して安全性を確保することが、企業の存続に大きく影響を与えるかということは、古今東西に起きた産業活動の負の例を見ても明らかです。

ドイツのユルゲン・ハーバーマス（Jürgen Habermas, 1929—）は、合意・了解・理解のアプローチについて、コミュニケーションには、三つの規範的条件があると考えています。コミュニケーションにおける不一致や対立は、相互理解の困難さにあるとして、ディスコミュニケーション（Discomunication）と呼ばれています。この対応策としては、「真理性、規範的適合性、誠実性」の三つの規範条件により、解決の方策が考えられています。

通常時の業務における企業の組織間における意思疎通や情報

の伝達、企業外との連絡や情報交換においても、日常業務を通じた練習・訓練が必要です。

6．4．4　緊急時のコミュニケーション(1)

米国のプロジェクトマネジメント協会のVijay K. Verma氏が著書『Communication provides the wings for flight to success』の中で述べていますように、組織の中での良好なコミュニケーションを行えることが、ビジネスやプロジェクトの成功を左右すると指摘しています。

事故・トラブル時において、情報の伝達・連絡が組織内外で、迅速に、且つ、正確に行えることが、企業にとって緊要であることは論を待ちません。日常の作業の中で、緊急時を想定した訓練を行うことが必要です。業務の中に多くの危険な因子が潜んでいることを発見し、ヒヤリハット活動や危険予知などの訓練を行うことにより、組織内のリスクを、できるだけ、最小限に抑える努力が重要です。そのためには、日常からトラブル時・緊急時を模擬した情報連絡のコミュニケーションの訓練が必要です。

緊急時においては、事故発生の現場などでの状況は時々刻々変化します。また、事故を巡る周囲の状況は、組織内外で時間の経過と共に、大きく変わります。危機管理対応の組織、事故対応および支援体制の陣容の見直し、時間的な対応を考慮した体制（時には、交替勤務）を考えることが重要です。

事故・トラブル後に対応する緊急時の体制は、最初の対応した状況から変わっており、初期の緊急時体制と変わることが必要になります。事故発生に対しては、実際の事故の進展や変化に対応して、組織内のコミュニケーションにより、元の事故状況に対する対応から、柔軟な体制に変化する必要があります。

6.4.5 緊急時のコミュニケーション(2)

2011年3月11日に東北地方太平洋沖地震が発生しました。地震の規模はモーメントマグニチュードは9.0で、日本周辺における観測史上最大の地震でした。引き続いて、地震から約1時間後に遡上高14～15mの津波に襲われた東京電力福島第一原子力発電所は、全電源を喪失して原子炉を冷却できなくなり、1号機～3号機で炉心溶融（メルトダウン）が発生し、大量の放射性物質を広範囲に放散するといった重大な原子力事故に発展しました。

危機的な状況で、事故対応は適切であったのかについては、国、政府、国会などの福島第一原子力発電所の事故調査委員会で、技術的な観点などから多くの教訓が報告されています。最近の事故対応として、2014年4月16日に大韓民国の大型旅客船の沈没事故が発生しました。全羅南道珍島郡の観梅島（クヮンメド）沖海上で転覆・沈没したセウォル号の事故でも、船員の事故対応や海洋警察の救助対応に議論が起きています。

かつて、米国で危機管理の教育を受けましたが、その本質は組織の資源を最大限に活用して緊急時に当たることが緊要であることだと教えられました。そのためには、机上の訓練および実際の訓練が重要であり、コミュニケーションの訓練なくして、組織的な緊急時対応はできないことを肝に銘ずる必要があります。これらの経験と福島事故などを踏まえて、化学工業関係の施設に適用した場合の、緊急時のコミュニケーションのあり方について述べます。

福島第一原子力発電所の事故においては、実際の事故対応する人材、施設設備の不足、組織内および組織外部（政府、国、自治体）との情報連絡が充分機能しない状況で緊急時対応せざるを得なかったことが分析されています。

情報連絡が充分機能しない状況で対応については、今回の原子力発電所の事故だけでなく、他の業種の産業界にも共通の問題として重くとらえなくてはなりません。情報連絡が充分機能しない状況で、最大限の効果を得るための組織としてのあり方について、事例などの演習をとおして鍛えることが重要です。

6.4.6　目指すコミュニケーション

事故・トラブルなどの危機的な状況は螺旋的に変化すると言われており、その変化する状況に応じた危機管理対応が必要になります。

変化する危機状況を把握するためには、正確で且つ迅速な情報が組織の中で充分に共有化されることが重要になります。組織の中では、上下組織間における情報の流れおよび横の組織間との情報のやり取り（交換）が重要です。

コミュニケーションの学習態度の事例としては、ある事故・

トラブルが発生したことを想定して、組織内におけるコミュニケーションのあり方について演習問題を解くことにより、リスクセンスを鍛えることを目指します。

(1) 一般実務職向け演習

◎難易度：中程度

アスファルトを使用して微量の放射性物質を含む廃液を固化処理する施設で火災の発生が午前10時ごろに確認された。火災発生現場の近くにいた私は、上司の指示を受けて、水噴霧消火を行った。燃えていたドラム缶からの炎がなくなり、消火したことを確認し、その旨を上司に伝えた。その後、私はどのように、現場での対応および上司や関係箇所へのコミュニケーション・連絡などを行うべきかについて、最適である行動は何かの訓練を行う。

設問 私は、現場の一般実務職として、５人のグループで微量の放射性廃液とアスファルトを脱水・混合処理して、ドラム缶に充てんする作業に取り掛かった。隣にある保管室では昨日までに処理して自然冷却していたドラム缶が数十本保管されていた。作業開始から１時間後に、作業グループの保管室担当の一人から、保管室にあったドラム缶の内の１本から火柱が上がったとの連絡があった。上司である課長に直ちに電話による連絡を取り、課長の指示のもとに、作業マニュアルにしたがって、初期消火として、グループの３人と一緒になって水噴霧器による消火作

業を行った。約１分程度の水噴霧消火を行った後、ドラム缶からの炎がなくなったことを確認して、消火の旨を課長に連絡した。

◉次の四つの内からあなたがとる行動を一つ選んで下さい

①　初期消火作業グループのみんなの意見を確認して、炎がなくなったことからドラム缶を消火したと判断した。作業グループの一人である一般実務職の私は課長へ電話による連絡を行い、作業現場で次の行動について、課長からの連絡・指示を待った。

②　初期消火作業グループのみんなの意見を確認して、炎がなくなったドラム缶を消火したと判断した。課長へ電話によりその旨連絡を行った。グループの残りの人を現場の監視に当たらせ、私は、詳しい状況を説明するために、課長がいる事務所に向かった。

③　消火作業を行っていた私を含め作業員の皆の目からは、ドラム缶からの炎は確認できなくなった。事務所にいる課長に、ドラム缶からの炎は見えなくなったが、ドラム缶内部の状況がわからないため、鎮火は確認できていない旨を伝え、他のドラム缶からの炎発生の可能性がある旨の電話による連絡を行った。関係者は、引き続き炎が出たドラム缶と他のドラム缶の状況を観察することとした。また、課長に原因分析の専門家と作業員の派遣を要請した。

④　消火作業を行っていた私を含め作業員の皆の目からは、

ドラム缶からの炎は確認できなくなったので、消火できたものと考えた。事務所にいる課長に、初期消火によりドラム缶からの炎は見えなくなったことを確認したことおよび至急現場確認のため、作業現場に来てほしい旨を電話で連絡した。

☞ **③を選んでほしい。**

解説

作業現場ではドラム缶からの炎は見えなくなったものの、火災が完全に消火されたことは確認されていません。今後の危険な事象が引き続いて発生することが想定されることを考慮して、現場の状況を充分監視することが重要です。

事故・トラブルでの第一のポイントは、初期対応の重要性であり、初期対応を適切に行うことにより、火災などの初期の事象を収めることです。上司、関係の部署と迅速にコミュニケーション（報告）を取り、組織的な対応を実施可能とするために、事故・トラブルの状況を組織的に共有することが必要です。

第二のポイントは、被害の拡散防止です。現場での被害を最小限に抑える必要があります。そのため、必要な機材・措置対応（資源の確保）について、現場と上司・関係箇所とコミュニケーション（連絡・相談）を取ることが重要です。

第三のポイントは、水平展開を考えることが重要です。本演習問題では、保管室にある１本のドラム缶の炎の発生でありますが、１本のドラム缶の火災だけの問題なのか、保管室にある他のドラム缶でも発生する可能性があるのかについて、充分に水平展開して、対応策を検討することが重要です。

（2）中間管理職向け演習

◎難易度：中程度

台風の通過に伴い、工場周辺の送電線のケーブルが切断され、地域一帯が停電になった。工場内の電源も供給されなくなったので、非常用ディーゼル発電機を急きょ起動させ、工場内の電気系統、コンピュータ関係の機器、通信機器などの電力供給を確保した。２時間後に、外部から電源供給復旧の可能性について、関係部署に確認したが、現状では復旧の見通しがないことが分かった。施設管理の責任者である管理課長の私は、工場全体の安全性について、いかに確保するべきであろうか。中間管理職の課長としての最適である行動は何かについての訓練を行う。

設問　**テレビからの天気報道から、超大型の台風がＡ地方への接近が予測されていた。停電などによる電力供給の被害も想定されるので、台風の接近前に非常用ディーゼル発電機の性能確認すると共に、通常よりも多いディーゼル燃料を確保した。台風が最接近し、風雨も強くなり、落雷も多くなった。そのとき、突然、工場のすべての電源が落ち、工場全体が停電状態になった。**

マニュアルにしたがって非常用ディーゼル発電機を起動させ、電源を確保した。しかし、半日が経っても電源の回復がなく、電力会社にいつ電力供給が回復するのか見通しを問い合わせた。電力会社からの最初の報告によると、高圧電線のケーブルが強風のため数カ所で切断されていることが分かった。しかし、1時間後に電力会社から連絡があり、送電線の電柱や鉄塔などに設置している碍子（がいし）が落雷により破壊されたおそれがあるとの報告を受けた。また、総務課長から工場周辺の機材運搬に使用する道路が冠水してトラックなどの大型車両の利用ができなくなっている旨の連絡が入ってきた。従業員が通勤に使っている県道は使用可能とのことであった。どのような対応が一番相応しいのかの判断を行う必要があります。

管理課長の私は、工場の設備の保全や工場内で作業している従業員の安全、本社との対応などについて、一番相応しい判断を行う必要がある。

◉次の四つの内からあなたがとる行動を一つ選んで下さい

①　中間管理職の管理課の課長として、まず、非常用ディーゼル発電機の燃料も充分余裕があることを確認した。また従業員は台風の影響で家族のことが心配になっているとの報告を受けている私は、工場の安全に重要な設備を管理する最小限の人材を確保して、それ以外の従業員に

対しては、県道が使用可能な今の時間に従業員の早めの退勤を命令した。

② 中間管理職の管理課の課長は、非常用ディーゼル発電機の燃料の輸送に使用している道路が冠水している情報を得たので、ディーゼル燃料の供給が難しくなることが想定された。そのためできるだけディーゼル燃料を節約することが重要と考えた。私は、安全確保に必要最低限の人材を残して、その他の従業員に対しては勤務時間内であったが、燃料の節約の観点からも、帰宅可能な時間に退勤するように即断して命令を行った。

③ 中間管理職の管理課の課長として、停電の期間がかなり長時間かかる可能性があることを予測した。送電線の碍子の破壊がどのような今後の影響を及ぼすのかについて知見がなかった。私は上級管理職である上司の部長を経由して、碍子に詳しい部署に連絡を取り、確認と今後の見通しを求めた。その結果は碍子の交換などの対応には相当の時間が掛るので、停電が復旧するにはかなりの対応が必要とのことだった。本社の各部門に交替勤務を含めた対応と支援が必要である旨を連絡し、本社に全社的な支援を依頼した。

また上級管理職である上司の部長経由で本社に連絡を取り、現状の人員の確保のみならず、当工場内の人員・機材に不足が生じる可能性があり、資源の全社的な支援依頼を連絡した。

④ 中間管理職の管理課の課長として、非常用ディーゼル

> 発電機が順調に稼働しており、燃料も充分確保していることから、工場周辺の道路が冠水してトラックなどの大型車両の利用ができなくなっていることについては、大きな問題とはならないと考えた。課長の私は、その観点から現状の人員で対応できる旨の連絡を上級管理職である上司の部長に連絡を行った。

☞ **③を選んでほしい。**

解説

工場に大きな影響を与える可能性がある長期的な停電対応については、上級管理職である上司への報告・連絡・相談（コミュニケーション）が必要不可欠です。課長本人が事故・トラブルの経験や知見があり、危機管理の対応に自信があることから逆に過剰な自信が組織全体のリスクを増加させることになります。

ここで大切なことは、どのような場合であっても、組織内のコミュニケーションを充分行うことにより、中間管理職の課長は上級管理職である上司の部長に報告・連絡・相談して、組織の資源を最大活用することが重要です。上級管理職である上司とコミュニケーションを行うことにより、短期的および長期的な視点で、全社的な判断や指示および支援を受けられる組織的な体制を構築することが重要です。

（3） 上級管理職向け演習

◎難易度：難程度

東京の本社から約200㎞離れたところにある工場が大きな地震に遭った。近くの送電線の鉄塔１基が倒壊したため、外部電源を失った。非常用ディーゼル発電機を直ちに起動したものの、地震発生後の約１時間たった後、大きな津波が工場を襲った。地下に設置されていた非常用ディーゼル発電機が海水に浸かって故障した。電気設備、非常用バッテリーなど多数の設備が損傷した。電源喪失したとの報告を受けた東京の本社駐在の上級管理職の私がとった行動の中で最も好ましい行動を一つ選んで下さい。報告を受けた上級管理職の私は、どのようにコミュニケーション・連絡を行うべきかについて、また、どのような対応をとることが最適であるかの訓練を行う。

設問　大きな地震が起きた。海岸に立地していた工場は、送電線の鉄塔が倒れるなどにより、外部からの工場への電源をすべて喪失した。非常用ディーゼル発電機は直ちに起動し、電源を確保できた。しかし、約１時間後に大津波が工場を襲った。地下１階にあった非常用ディーゼル発電機は海水に浸かり、工場内に電気を供給できなくなった。テレビでは地震・津波による現地での状況を生中継で放映しており、工場近くの地域では甚大な被害が出ていることは容易に想像できた。工場は外部からの電源を喪失したため、工場からの情報は極めて得にくい状況に陥った。

工場内ではバッテリーを集めて工場に電源供給を行い、少ない電力で機能できるテレビ会議を使用し、情報交換や作業指示を行うことができた。工場から本社への情報は少なく、危機管理の責任者である上級管理職の私は、現場からの被害状況や今後の事故・トラブル対応に最大の努力を傾注した。

現場の工場長からは、地震および津波の影響で、工場自体の安全について心配があり、従業員の安全確保にも不安があるので、工場の安全に係る最低限の人数を残し、従業員を自宅に退避させたいとの申し出があった。この緊急時において、東京の本社にいる上級管理職の私は、どのような対応が一番相応しいのかの判断および指示を行う必要がある。

◉次の四つの内からあなたがとる行動を一つ選んで下さい

① 現地の工場長から従業員を自宅に退避させたいとの申し出については、現場の関係者の叱咤激励の観点から、上級管理職の私はテレビ画面に向かって「工場から避難するな。全員が工場に残って、安全を確保しろ。工場の安全確保はあなた方の使命である。」と強い調子で怒鳴って、命令を出した。

② 本社と現場とのテレビ会議では議論や映像も途切れがちである。一方、絶えず放映されているテレビ番組からの報道によると、工場近くの地域は甚大な被害が出ているようである。東京の本社で組織全体の危機管理対応の

責任を持っている上級管理職の私としては、情報が不足していることもあり、ヘリコプターをチャーターして震源地近くに位置する工場に向かうこととし、3時間後には現地の工場に入り、直接、指示・命令などを行った。

③　上級管理職の私は、大地震と大津波のために工場内では想定外のトラブルが発生しており、現場の工場では最大限の努力していることを、テレビ会議を通じた情報で容易に想像できた。私は、現場のことは現場の責任者が一番よく知っていることから、現場からの情報に基づき、判断しようと思った。したがって、現場の工場で危機対応に全力を尽くしている関係者に迷惑を掛けないように、私は発言を極力少なくして、現場から要求される具体的な支援内容および要求を待つこととし、本社からの指示はできるだけ控えた。

④　私は、工場では未曽有の状況になっており、対応に混乱していることを充分想像できた。私は工場だけの対応は難しいこと、短期的な対応では問題解決はできないのではないかと考えた。テレビ会議の中で、途切れ途切れであったが、工場の現場で何が足らないのか、必要な人材と機材のリストを至急つくるように指示した。テレビ会議では会話をすべて録音しているので、資料作成に時間が取られることを避け、口頭でも良いから冷静に述べるように指示した。危機管理の責任者である私としては、冷静に落ち着いた口調でテレビ会議に出席している関係者に明確に話すことに努力した。交替勤務を考慮した人

員の手当てが必要と考え、現場に必要となる人員の専門性と人数を考えるように指示した。本社と工場との間の報告・連絡・相談（コミュニケーション）を向上する手段を考えるように指示した。本社の危機管理対応の部署から人を直ちに現場に派遣して、工場での対応を支援するように指示した。

☞ **④を選んでほしい。**

解説

経験したことのないような事故・トラブルに遭遇したときには、今まで以上の組織的に且つ長期的な視点での対応が必要です。上級管理職は、危機的な状況において、組織内で絶えずコミュニケーションが機能しているかを把握することが、組織存続の生死を分けることになることを理解する必要があります。設問に対して、考慮すべき事項を以下に示します。

危機的な状況で対応している関係者に、緊迫した重圧の下で作業員を評価し、激励することは重要です。しかし、大きな声で従業員を怒鳴って、叱咤激励することは、危機管理対応を行っている関係者を萎縮させることはあっても、組織の危機管理対応能力を向上させることはありません。

事故・トラブルに対応には、時々刻々変化する状況に対して、その時点でできる対応を適切に行うことが必要です。現場で起きている事象について、現地の判断をもとに行動を起こすことは重要ですが、現場だけで問題を解決しようとする傾向があります。したがって、大所・高所から現場を指揮する立場から、上級管理職は現場の状況を報告・連絡・相談（コミュニケーション）を通じて把握および尊重したうえで、指示・命令を下すことが重要になります。

危機管理対応が長期的になることが想定される場合は、人員の交替勤務を含めた体制の整備・増強を行う必要があります。事故・トラブルの対応では、現場の関係者が積極的に考えて行動をすることが重要であり、その行動の事前確認を取るのがコミュニケーションの一つの大きな役目であることを理解する必要があります。実際の危機的な状況に遭遇したときの対応には、危機管理対応の訓練を積んでいる人とそうでない人との差が大きくなります。関係者が、その訓練を積み、危機管理のセンスを鍛えることができるかが、結果的に、組織の危機対応能力を高められるのか、または、低下させるのかの分岐点になるといわれています。危機的な対応をする指導的な立場に立たされた人は、自分自身を冷静に見つめ、組織内の関係者に指示・命令を出す際には、冷静な態度と口調が重要であり、日々の危機管理の対応訓練で鍛えることが重要です。

(4) 最近のコミュニケーションについて考慮すべきこと

コミュニケーションの特徴として、直接、面と向かって話すときは、受信者は発信者の説明は理解しやすいとされます。話をしている相手の表情や仕草で言いたいことを補足できるからです。受信者は自分が期待や想像できる内容には、容易に頭の中で理解できるので、意思の疎通は容易であります。しかし、自分の経験したことがないことや聞いたことがない情報には頭の中に入らない傾向があります。

最近、テレビ電話などによる情報交換が盛んになっていますが、顔の見えるテレビ電話による情報交換であっても、直接、面と向い合って話す情報交換によるコミュニケーションに勝ることはないことを理解する必要があります。

6.4.7 まとめ

約2,500年前の老子の言葉に

①「聞いたことは、忘れる。」

②「見たことは、思い出せる（覚える）。」

③「やったことは、わかる（理解できる）。」

という格言があります。約2,500年前の言葉でありますが、現代においても、実際の事故の影響を最小限に抑えるためには、事前に、演習、訓練などにより、経験を積むことが重要であり、その経験の成果が事故・トラブルなどの危機的な状況に対して適切な対応を可能にすることを示唆しています。

【引用・参考文献】

1）宮本　徹、大橋理枝：「ことばとメディア－情報伝達の系譜－」、一般財団法人放送大学教育振興会、pp.9（2013）

2）会田信弘：「組織マネジメントとコミュニケーションマネジメントOrganization Management and Communication Management」、UNISYS TECHNOLOGY REVIEW、第67号、NOV. 2000、pp.184（2000）

3）蓮沼啓介：「コミュニケーション的理性の批判」、神戸法學雜誌／Kobe law journal 56（4）：268−328（2007）

4）鈴木生雄：「OSS開発支援ツールの利用技術に関する取り組みApproach to Application Technology on OSS-based Development Supporting Tools」、UNISYS TECHNOLOGY REVIEW、第94号、NOV. 2007、PP.76（2007）

リスクセンス検定　練習問題⑪

設問　A氏は、勤務時間内に業務を終えることができなく、持ち出し厳禁の「技術情報」書類（キングファイル製）を自宅に数冊持ち帰り、職務を遂行していた。あるとき、同僚が当該書類が必要となり、社内で調査した結果、A氏の社内規程違反が発覚しました。同僚がA氏が度々書類を持ち出していることを黙認していたことも同時に顕在化しました。

A氏のような行動にメンバーが駆り立てられないようにと、組織としての対策案がでました。次の五つの内、最も効果があると考えるものを一つ選んで下さい。

① 持ち出し厳禁書類の管理システムを見直す。
② 残業規制による退勤時間の厳守を見直す。
③ 書類持ち出しを見て見ぬ振りをする職場風土を見直す。
④ 上司や同僚がどんなことでも気楽に話し合える職場の雰囲気にする。
⑤ 上司の部下に対する業務管理の方法を見直す。

☞ **④を選んでほしい。**

解説

まず思いつく考え方はルールを厳しくすることです。しかし、どんなルールを作成しても守られない場合があると考えると、対策として効果があるのは④でないでしょうか。A氏が多忙で所定の時間内に業務を処理できないくらいになっているときにコミュニケーションが良い職場では、A氏が同僚や上司に相談ができ、書類を持ち出さなくて良い対応策が出されたことと思います。また忙しいことを言い出せないA氏の行動に気が付いた同僚が「忙しければ手伝うよ」とか、「上司に相談したら」と気楽に声をかけることができる組織風土であれば、問題は起きなかったと推定されます。

Column 9

ノンテクニカルスキル向上とリスクセンス

ノンテクニカルスキル活動が活発です。代表的な活動の一つであるCRM（Crew Resource Management）は開発された航空分野から鉄道、発電、医療などの他分野での適用の動きがあります。航空分野でエラーや事故などの原因の内、当該のテクニカルスキル以外の原因、機長と副操縦士の間のコミュニケーションの拙さ、飛行状況の認識の拙さなどに起因したヒューマンファクターなどの人またはチームに起因するヒューマンエラーを最小限に抑えようと開発された手法です。

ノンテクニカルスキル活動は、現在、次の七つのスキルの習得に重点を置いています。

①リーダーシップ、②コミュニケーション、③状況認識、④チームワーク、⑤意思決定、⑥疲労への対応、⑦ストレスマネジメント

LCB式11の組織の健康診断®項目の内、Behaviorの四つの診断項目は、①トップの実践度（B1）、②コミュニケーション（B4）、③変更管理（B3）、④HH/KY（B2）です。航空分野では疲労やストレスへの対策が長時間にわたる飛行に伴うヒューマンエラーに大きな影響を与える要因で重要なスキルであることを考慮すると、リスクセンスを身に付け、磨く11の行動は、一般産業分野向けのノンテクニカルスキルを身に付け向上させる活動と同じと理解できます。

個人のリスクセンス度を定点観測することでノンテクニカルスキル度の向上度が見える化できます。ノンテクニカルスキル活動でリスクセンス研究の成果が活用されることを期待します。

第7章

リスクセンス検定®の活用事例

7.1　概　　要

現在までのリスクセンス検定®の活用事例を整理するとその目的は次のとおりです。

- 組織風土のまずい点の定量的把握
- 労働安全衛生活動の進捗度の定点観測
- 組織風土改革の定点観測
- 小集団活動とリンクさせた安全文化の向上
- 新組織発足時の組織風土のベンチマーク測定
- ISOなどマネジメントシステムの補完

7.2　事故の再発防止策の進捗度を定量的に把握する手法として

7.2.1　A社の概要と活用の契機

A社は1955年に創業し従業員約300名のファインケミカル業界の大手で、国内に１工場、中国にも工場を持っています。2005年に国内の工場で重軽傷者２名をだす爆発事故を起こし、再発防止対策を取り進めていました。それら諸対策の浸透度や進捗度を定量的に簡便に測る手法として活用しています。

（1）2011年の組織診断の結果

診断者は、工場従業員約80名から、28名選びました。内訳は、３職階層としての上級管理職（課長職）10名、中間管理職（係長職）10名、一般実務職（実務者）８名。管理職の比率が高いのは、会社としての方針などがまず管理職に周知徹底し、それに沿ったマネジメントが実施されているか、を知ることも目的の一つとしたからです。

1）組織診断の結果

組織の診断結果を**表７－１**、**図７－１**に示します

【表７－１】組織の診断結果（３職階層別平均値）

	一般実務職	中間管理職	上級管理職	全体
L1：リスク管理	2.1	3.2	4.1	3.2
L2：学習態度	3.2	4.0	3.9	3.7
L3：教育・研修	3.5	4.1	4.0	3.9
C1：モニタリング組織	2.1	4.6	4.4	3.8
C2：監査	3.6	4.3	4.9	4.3
C3：内部通報制度	2.0	3.5	3.1	2.9
C4：コンプライアンス	2.5	3.6	4.4	3.5
B1：トップの実践度	3.1	3.9	4.3	3.8
B2：HH/KY	4.3	4.6	4.4	4.4
B3：変更管理	2.3	4.2	4.0	3.6
B4：コミュニケーション	2.9	3.8	4.1	3.6
平均	2.9	4.0	4.2	3.7

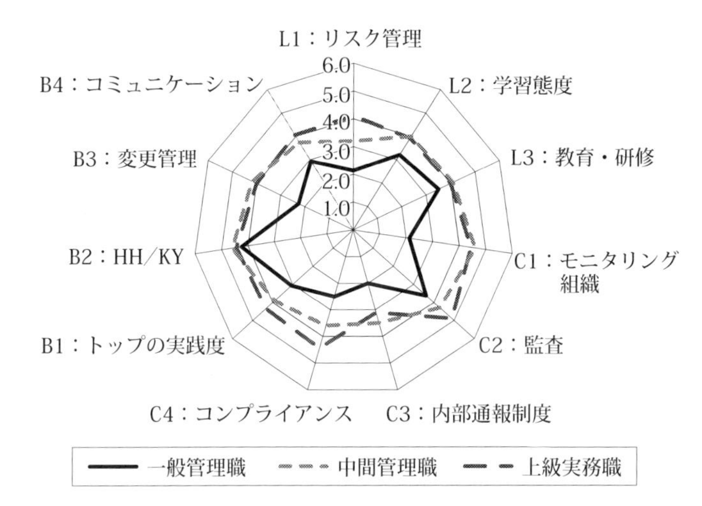

【図7－1】組織の診断結果（3職階層別平均値）

2）診断結果の考察

① 組織全体の平均値は3.7点で、リスクセンス研究会が維持してほしいレベル、4点以上であった項目は、「B2：HH／KY」だけでした。

② 全項目平均値の職階層別比較では、上級管理職、中間管理職は4点以上で、両者間に大きな意識の差は見られませんでした。

③ 一般実務職と上級・中間管理職に大きな点数の差があり、職階層間の乖離の有意差検定を行いました。その結果、一般実務職層と上級管理職層との間で11項目中7項目に有意差が認められました［**注**：有意差検定は、ノンパラメトリック法のウィルコクソンの順位和検定を用いました］。一般実務職層と

特に上級管理職層間のギャップの解消の施策が必要であることが明らかになりました。

④　一般実務職で特に「L1：リスク管理」、「C1：モニタリング組織」、「C3：内部通報制度」、「B3：変更管理」において、それぞれの項目に関し、内容を知らない、組織内でどう取り組んでいるかを知らないという人が多く、評価点数が低かった。一般実務職として求められている知識や判断力に一層のレベルアップが必要であることが明らかになりました。

⑤　評価点数が４点以上で職階層間ギャップが小さい項目はその組織の強みといえますが、今回の診断では「B2：HH／KY」が該当し、KYやHH活動が工場全体でしっかり行われていることを確認できました。

(2) 2012年の組織診断の結果

受検者は３職階層からなる上級管理職（課長職）10名、中間管理職（係長職）11名、一般実務職12名の合計33名。管理職の比率が高い理由は2011年と同じ理由です。

1) 組織診断の結果

組織の診断結果を**表７－２**、**図７－２**に示します。

2) 2011年１月と2012年３月の組織診断結果の比較

①組織診断の評価点数の向上

2011年の診断結果に比べ、全体平均点数が3.71から4.1と上昇し、一般実務職が2.9から4.0へ大きく向上し、中間管理職も4.0、上級管理職は4.2と、第１目標とした４点に到達しています。諸施策の周知、徹底により、目標とした４レベル近くまで上がっているのではと感じていましたが、定量的に

【表7－2】組織全体の診断結果（2012年3職階層別平均値）

	一般実務職	中間管理職	上級管理職	全体
L1：リスク管理	4.6	4.4	4.6	4.5
L2：学習態度	4.7	4.5	5.0	4.7
L3：教育・研修	4.4	3.9	3.8	4.0
C1：モニタリング組織	3.3	4.1	4.2	3.9
C2：監査	3.2	3.6	3.9	3.6
C3：内部通報制度	2.3	3.0	3.1	2.8
C4：コンプライアンス	3.9	4.1	4.5	4.2
B1：トップの実践度	4.5	4.3	4.2	4.3
B2：HH／KY	4.3	3.7	4.2	4.1
B3：変更管理	4.6	4.5	4.0	4.4
B4：コミュニケーション	3.9	4.2	4.1	4.1
平均	4.0	4.0	4.2	4.1

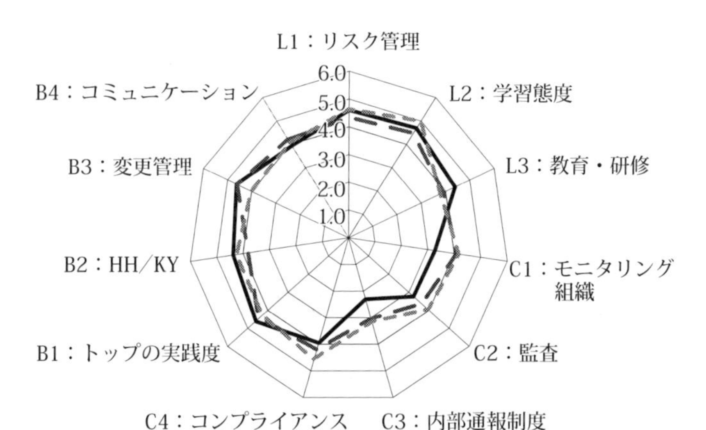

【図7－2】組織全体の診断結果（2012年3職階層別平均値）

把握できました。また組織として４点未満である「C1：モニタリング組織」、「C2：監査」、「C3：内部通報制度」については、更なる対応策が必要であることが明らかになりました。

②３職階層間のギャップの解消

2011年の診断では、11項目中７項目において上級管理職と一般実務職の診断結果に有意差がありました。これらの項目は、教育・研修や日常の組織運営面で注力した結果、一般実務職層で最低レベルと評価した人が大きく減少し、すべての項目で３職階層間のギャップが解消できたと実感しています。

3）個人のリスクセンス度測定結果

初めて実施した３職階層別のリスクセンス度の測定結果は、上級管理職層は、リスクセンス研究会が最低限維持してほしいと考えているレベルの60点以上を維持していました。しかし中間管理職層と一般実務職層はわずかに未達で60点以上を維持できるようOJTを含めて教育の機会を設けることが必要であることが明らかになりました。

7．2．2　現在のＡ社の取組み状況

2012年の診断結果をもとに、現在以下のように取り組んでいます。

①　一般実務職と中間管理職の間の議論や検討の場を以前より多く設け、一般実務職のリスクへのセンスのレベルアップを図る。

② 研究所長による「現場に即した化学基礎教育」を実施し、中間管理職と一般実務職のリスクセンス力の向上を図る。また「電気計装教育」は知識中心の教育から実技に重点を置いた教育に変え、実務面のリスクセンス力を向上させる。

③ 「C4：コンプライアンス」、「B4：コミュニケーション」の項目については、一般実務職層が低い評価をしていることから、彼らからの提案、指摘などに対する上級管理職の“反応”を形にすべく、工場長から考え方やコメントが現場の末端まで伝わるように運用方法を改めている。

④ 個人のリスクセンス度のレベルアップが重要と認識し、上記①から③以外の施策について具体的な検討を開始し、逐次実施している。

⑤ 諸施策の節目でリスクセンス検定® を活用し、各施策の結果を定量的に確認しながら、目標としている安全文化を少しでも早く定着させる。

7.3　ISO活動の補完として活用

7.3.1　B社A事業所の概要と活用の契機

B社は日本を代表する総合電機会社です。その中でA事業所は、主として自動車電装品を製造しています。

A事業所では、数年来、安全成績が芳しくないことや機器のトラブルが多いことから、導入しているISOなどの審査機関に特に労働安全衛生マネジメントシステムの運用方法についてアドバイスを求めたところ、「リスクセンス検定®」の併用を提案されました。それを受けてA事業所は製造部門の内、トラブル対策を強化したい課を一つ選び、労働安全衛生意識の現状分析および課題抽出、管理ルールである「防護壁」の劣化状況の把握を目的として、「リスクセンス検定®」を行いました。

７．３．２　リスクセンスの測定結果と考察

上級管理職（所長含む部長）６名、課長以下の中間管理職11名、任意に選ばれた一般実務職18名が、全員ペーパー方式で受検しました。

（1）組織の診断結果

組織全体の診断結果を**表７－３**、**図７－３**に示します。

① 組織運営で最も重要であると考えている事項、即ちトップが具体的に組織の行動目標を掲げ、自ら実践し（「B1：トップの実践度」）、良いコミュニケーション（「B4：コミュニケーション」）の下で、目標達成のために組織構成員の教育に充分な経営資源（「L2：学習態度」、「L3：教育・研修」、「C4：コンプライアンス」）を投入し組織運営を行うという点では、「B4：コミュニケーション」を一般実務職が４点以下と評価している以外は、上級管理職、中間管理職および一般実務職の３職階層共、４点以上の診断をしており、ほぼ望ましい組織運営がなされていることが明らかとなりました。

【表7－3】組織の診断結果

	一般実務職	中間管理職	上級管理職	全体
L1：リスク管理	4.3	4.7	4.7	4.5
L2：学習態度	4.9	4.6	5.5	4.9
L3：教育・研修	4.3	4.6	5.2	4.5
C1：モニタリング組織	3.7	3.3	5.3	3.8
C2：監査	4.2	4.5	5.3	4.5
C3：内部通報制度	2.3	3.6	5.5	3.3
C4：コンプライアンス	4.7	5.3	6.0	5.1
B1：トップの実践度	4.6	5.5	5.8	5.1
B2：HH/KY	4.2	4.6	4.8	4.4
B3：変更管理	4.1	4.8	5.2	4.5
B4：コミュニケーション	3.9	4.4	5.2	4.3
平均	4.1	4.5	5.3	4.4

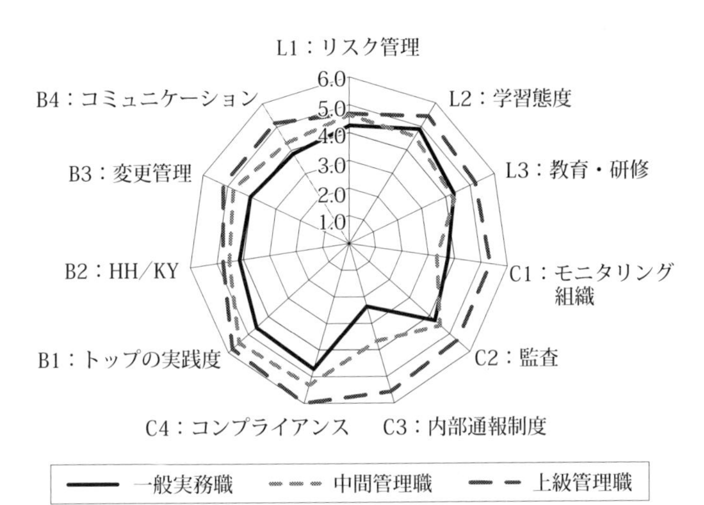

【図7－3】組織の診断結果

② ただ「B4：コミュニケーション」を一般実務職が４点以下と評価している事象はISOなどの記録文書中心の審査では顕在化していないので、この原因を調査する必要があります。
③ 「C1：モニタリング組織」、「C3：内部通報制度」を、一般実務職、中間管理職共に４点以下と低い評価をしています。この事象もISOなどの記録文書中心の審査では顕在化していない事項であり、周知不足なのか、その原因を調査する必要があります。
④ 概して職位の高い管理職は、組織運営はうまく行っていると診断しがちで、他方、その部下は職位の高い管理職が思っているほど良い状態にはないと診断する傾向があるという研究結果を私達は持っていますが、A事業所においてもこの傾向があることが明らかとなりました。これらもISOなどの記録文書中心の審査では顕在化しない事項で、現場での監査の際に監査立会人である管理職や担当者から説明をうけるときに参考になる情報を入手できました。
⑤ 課内のグループ別評価では、「C2：監査」、「B2：HH／KY」、「B3：変更管理」の３項目を３点台と評価したグループがありました。ISOなどの記録文書中心の審査では顕在化していなかった事項であり、これらの原因を調査する必要があります。

(2) 個人のリスクセンス度の測定結果

すべての職階層で私達が最低限維持してほしいと考える平均点のレベル「60点以上」を確保していること、全体で82％の方が60点以上を確保していることから、A事業所の従業員のリスクへのセンスは良い状態であることが明らかとなりました。また、リスクセンス度が高い人の比率は、各職階層とも全国平均に比べ高く、好ましい状態といえます。

7.3.3　その後の取組み状況

今回の検定は、事業所長を含む上級管理職とトラブル対策を強化したい課の課長含む中間管理職と任意に選ばれた一般実務職を対象に行いました。少ない受検者数ではありましたが、ISOなどの記録文書中心の審査ではなかなか顕在化しない事業所および当該課の組織運営の現状を定量的に把握できたとの評価を得ました。

即ち、一般実務職、中間管理職が4点未満の望ましいレベルにないと診断した「C1：モニタリング組織」、「C3：内部通報制度」の状態と一般実務職が4点未満と診断した「B4：コミュニケーション」の状態と、リスクセンスの高い人が多い点を考え合わせると、現在の組織風土は以下のように推察されます。

「エラーなどの予兆に気が付いた人がいても必要な対応がすぐとられない状態にあるのではないか、したがって、仮にエラーや不祥事が起き、当事者が個人レベルで何とかしようとしていた場合、周りにそれらに気が付いた人がいても速やかに然るべき職制や部署に報告されない組織風土にある。」

したがって、「B4：コミュニケーション」のまずい状態の原因を至急調査し改善を図ることと「C1：モニタリング組織」、「C3：内部通報制度」の周知、徹底を行うことが、課題であることを確認しました。

「防護壁」の劣化状況を定量的に把握できたことから、当該課で発生した休業災害の事例をもとに具体的な劣化対策を顕在化させるためにリスクセンス研究会が勧めるM-SHEL法となぜなぜ分析法を組み合わせた手法の演習を報告会参加者全員で行いました。これらの活動を通じ、本組織診断法の有用性が当該課以外に認識され、その後、B社から「リスクセンス検定®」の公式テキストである『個人と組織のリスクセンスを鍛える』の大量購入があり、各現場に常備し、従業員のリスクセンス向上に役立てているとの連絡がありました。

7.4　小集団活動とリンクさせた安全文化向上法として

7.4.1　C社の概要と活用の契機

C社は日本を代表する化学会社の主要グループ会社の一つです。永年、労働災害を減少させるべくリスクアセスメントに力を入れて取り組んでいました。しかし労働災害発生の原因となった作業や設備の危険性・有害性がリスクとして適切に抽出されていないこととリスクアセスメントの実施件数が少ないこと、また実施した場合でもリスクも低く評価する傾向が見受けられるなどの課題を抱えていました。

一方で、今まで実施してきた諸施策の浸透度や進捗度、さらには自社の強みと弱みを定量的に把握して安全活動を推進したいと効果的な手法と探していたところ、親会社からリスクセンス検定® の活用を勧められました。

7.4.2　リスクセンスの測定結果と考察

診断者は、全工場（3工場）と研究開発部門の技術系社員全員487名で、内訳は、3職階層としての上級管理職（工場長、工場次長、部長職）15名、中間管理職（課長、係長職）49名、一般実務職（係員）423名です。

(1) 組織の健康診断結果

組織全体の診断結果を**表7－4**、**図7－4**に示す。

【表7－4】組織全体の診断結果（3職階層別平均値）

	一般実務職	中間管理職	上級管理職	全体
L1：リスク管理	4.5	4.3	4.5	4.4
L2：学習態度	4.8	4.9	5.1	4.9
L3：教育・研修	4.5	4.6	5.0	4.7
C1：モニタリング組織	3.9	4.0	4.7	4.2
C2：監査	4.5	4.5	5.1	4.7
C3：内部通報制度	3.7	4.2	4.9	4.3
C4：コンプライアンス	4.5	4.7	5.1	4.8
B1：トップの実践度	4.4	4.8	5.1	4.8
B2：HH/KY	4.7	4.4	4.6	4.6
B3：変更管理	4.1	4.0	4.0	4.0
B4：コミュニケーション	4.2	4.4	4.5	4.4
平均	4.3	4.4	4.8	4.5

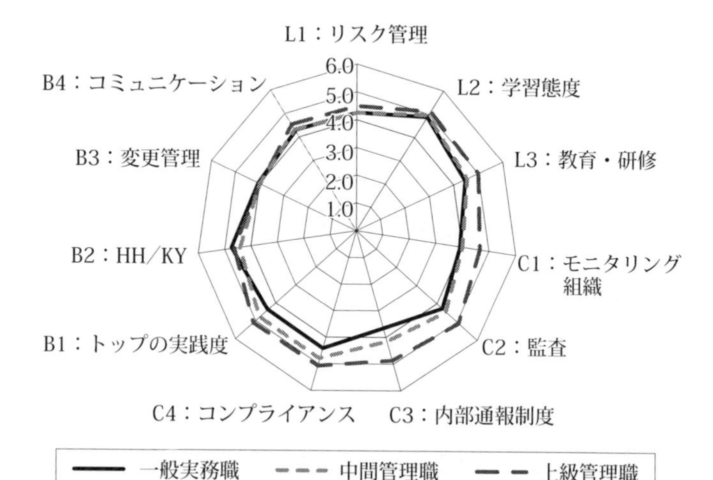

【図７－４】組織全体の診断結果（３職階層別平均値）

(2) 診断結果の考察と対応

これまで定性的にしか把握できなかった組織の強みを定量的に確認できました。また組織の弱みとして、一般実務職が「C3：内部通報制度」、「C1：モニタリング組織」の仕組みが周知されていないのではと診断した点と「B3：変更管理」の仕組みや「B4：コミュニケーション」が不足していると認識していることを明らかにできました。

これら診断結果およびその考察と前述の直面している課題を改善するために安全小集団活動を開始しました。

その際、個々の安全小集団の強み、弱みを把握し、強みはより強く、弱みを強みに変えるための簡易な自己評価の仕組みを導入しました。具体的には小集団活動を、ヒヤリハット活動、災害事例の展開、始業前ミーティング、終業時ミーティングの四つに区分し「LCB式組織の健康診断®」評価項目のコミュニケーション、KY活動（HH／KY)、リスク管理、学習態度の視点に水平展開を加えたもので評価する仕組みです（**表7－5**参照)。

【表7－5】安全小集団自己評価項目（0～4の5段階評価）

活　動	評価視点	具体的な評価項目
1．ヒヤリハット活動	コミュニケーション	ヒヤリハットの回覧（リーダーは回覧したか）
	学習態度	ヒヤリハットの閲覧（メンバーは確認したか）
	水平展開	ヒヤリハットによる注意喚起
	リスク管理	ヒヤリハットをリスクアセスメントに展開
2．災害事例の展開	コミュニケーション	事故・災害事例の回覧（リーダーは回覧したか）
	学習態度	事故・災害事例の閲覧（メンバーは確認したか）
	水平展開	同様なリスクの確認
	リスク管理	事故・災害事例をリスクアセスメントに展開
3．始業前ミーティング	コミュニケーション	ミーティングの実施
	コミュニケーション	健康確認
	KY活動	作業前KY
	KY活動	非定常KY
4．終業時ミーティング	コミュニケーション	ミーティングの実施
	コミュニケーション	健康確認
	水平展開	（作業を）振り返りのヒヤリハット、リスクアセスメント
	リスク管理	（作業を）振り返りのヒヤリハットをリスクアセスメントに展開

活動のテーマは停滞気味のリスクアセスメントに重点を置き、管理監督者と安全スタッフが毎月開催される安全小集団会議に参加することによって、その基本的な考え方から具体的な手順までを含め集中してサポートしました。これはリスクセンスを向上させるという効果とU社としてコミュニケーションの充実、即ち一般実務職と中間管理職間の「報・連・相＋反」の強化という効果も狙いました。

毎月の安全衛生会議に管理監督者と安全スタッフが参加することにより、停滞していたリスクアセスメントに、まず抽出件数が増加するという効果が認められ、リスクレベル［**注**：Risk Level：RLと略す。数字が大きいほどリスクレベルが高いことを示す］を低く見積もる傾向も若干ではあるが改善傾向が表れてきました（**図７－５**に示す2013年度の実績は上半期の実績です）。

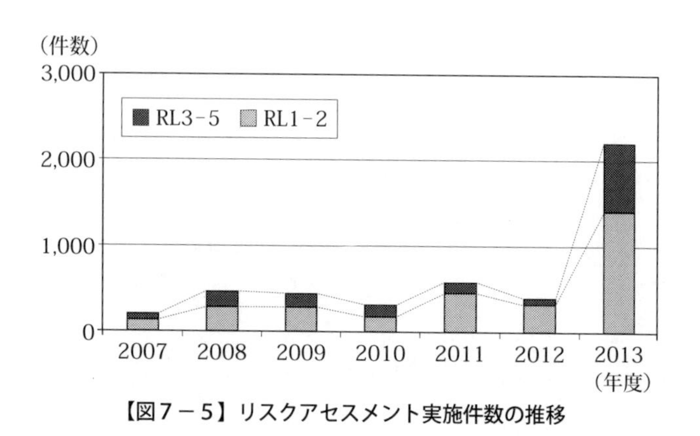

【図７－５】リスクアセスメント実施件数の推移

【引用・参考文献】

1)「組織行動と組織の健全性診断システム」に関する研究成果報告書　～「LCB式組織の健康診断」によるセルフチェックシステムの開発～（2011)、東京大学、LCB研究会
2)「組織行動と組織の健全性診断システム」に関する研究成果報告書　～「LCB式組織の健康診断」によるセルフチェックシステムの開発～（2014)、東京工業大学、LCB研究会

Column ⑩

「LCB式組織の健康診断®」の医療分野への応用・展開の試み

医療分野では、その業務の性質上、医療安全の確保は法令による要求事項であり、医療専門職も強い使命感を持っています。医師／歯科医師に医療行為の判断の権限があり、看護師などのコ・メディカルスタッフも、個々の患者に対する義務と責任を負っています。そのため、医療事故やそれに類する事象は医療従事者個人の知識や経験不足、不注意や錯誤などとされる傾向が強い。しかし、1999年に『To error is human』（邦訳:「人は誰でも間違える」2000年）によって、医療事故の背後にある組織の問題が注目されるようになりました。

それ以降、医療の質の向上を目的として、公益財団法人日本医療機能評価機構による医療機能評価や、国際的な医療機能評価（Joint Commission International：JCI）、品質や環境のマネジメントでISO9001やISO14001の認証の取得が広がっています。

このような外部評価の受審は相応の準備を要し、その過程で医療機関内の改善への取組みが促進されることが多い。数年に一度、自院の状況を外部の視点で総点検するような評価を受け、それを継続することの意義はそこにあるのかもしれません。

一方、日々の活動の点検も欠かせません。そこにリスクに対する防護壁の穴が重なるのを防ぐという「LCB式組織の健康診断®」を活かせないか。

リスクセンス研究会の医療分野の研究グループは、「LCB式組織の健康診断®」のカスタマイズ、VTA法やM-SHEL法を活用した振り返りなどについて、医療安全の関係者と議論を重ねています。医療が院内の多職種連携に留まらず、地域内の医療・介護分野の連携へと“チーム”が多様化していくなかで、抜けもれを防ぐ簡便なツールとなりうるよう、活動しています。

Column ⑪

LCB式組織の健康診断®のIT分野への試行

IT分野の仕事は、モノづくりとは違った課題を持っています。形の見えにくい仕事なので「曖昧な伝達で進むことが多い、個人の力量依存の作業、仕事の進捗が見えない、専門語が多く正確に理解されない」など、モノづくりでは通常見られない環境の中で仕事が進みます。

ここに潜在するリスクには「組織・人の課題」が大きく関係しています。そこで、LCB式組織診断の評価手法をIT分野向けに手を入れ、試行を始めました。未だ途上ですが、判明してきたことは次の3点です。

1．仕事の内容・組織構成、企業風土などの違いから、それぞれの課題が千差万別で、診断する組織により、その特色を配慮した診断内容が必要。
2．仕事には「システムを構築・作成する」と「システムによるソリューションを提供する」の大きく2種類あり、前者はモノづくり的ですが、後者はサービス産業的な面が強くその持っている課題も異なる。
3．この手法で診断すると、組織のリスクが顕在化でき、対処すべき強化ポイントの整理が容易となる。

「確実な手順を守ることが基本のモノづくり現場」と「確実な手順を守ることと同時に変化への対応が問われるIT分野の現場」では職場に求められる姿が違うように見えますが、「組織・人」の視点から見るリスクのポイントは同じです。

組織全体で「マネジメントがしっかりしている」且つ「コミュニケーションが円滑」で組織の目的・方向性が各職制のレベルで相応に行き渡り、組織のベクトルが一致していることが基本です。このような組織であれば、他のリスク項目への対応もスムーズで、日常の業務が円滑で臨機応変に様々な状況にも強い組織になります。

Column ⑫

オフィス力(りょく)　プロジェクトでの取組み

事務ミスが起きると、見落とし、失念、思い込みなど、人間の行為や不作為にスポットが当たり、その当事者の責任が問われることとなる。しかし、その背景を調べると、作業方法、道具、環境など、ミスにつながりやすい問題点が複数絡んでいることが多い。これらの潜在的な問題を早く見つけ、その改善に積極的に取組むことが、ミスやトラブルを減らすための重要なポイントです。そして、そのために必要なものが、個人のリスクセンスであり、感知されたリスクを受け止め、共有できる組織であると考えます。

このような問題意識からリスクセンス研究会の活動に参加する中で、多くのことを化学産業を始めとした製造業における研究から学んでいます。一方、事務の業務対象である情報はそれ自体としては無形物であること、また、事務ミスは人身に関わるような重大事故には結びつきにくいことから、製造業で培われた手法、アプローチではフィットしない点が多くあることも明らかになってきました。

リスクセンス研究会での検討を通じて、対象領域を広くオフィス業務とし、事務センターのような業務のみならず、大学の入学試験や設計事務所の仕事など、情報を対象とした仕事全体を視野に入れて取り組んでいます。この分野から見ると、非製造業という点では、医療やITの分野も近い存在です。一方、国家資格に基づくプロフェッショナルの仕事である医療と同列で論ずることは難しく、また、ソリューションというテーマはIT分野などに特有のものと考えます。今後とも、このような業務特性に着目しながら、オフィス業務のリスク低減を実現していきたいと考えています。

第８章

組織事故の原因究明方法を学ぶ

第２章2.2 組織事故を防ぐにはの項で組織事故の三つの解析手法を使用することを勧めました。

航空分野や原子力分野の関係者で開発されたVTA法となぜなぜ分析法、M-SHEL法となぜなぜ分析法を組み合わせた二つの解析手法と日本の医療分野で使用され始めた米国の退役軍人病院で開発されたRCA法です。これらの手法の使い分けは以下のように勧めています。例えば起きた事故が一つの課とかグループの中の組織運営のまずさが主原因で且つ短期間内に起きたと推定できる場合はM-SHEL法を、事故原因が複数の課とかグループにわたり、且つ長期間の組織運営のまずさで起きたと推定される場合はVTA法を、RCA法は全社の組織運営に事故原因を求める場合などの大きな事故や不祥事の際に使用することを勧めています。

本項では、化学産業での組織事故の分析にと勧めているVTA法となぜなぜ分析法、M-SHEL法となぜなぜ分析法を組み合わせたツールを事故事例をもとに使用方法を学びます。

事例は、酸化反応器の爆発事故です。酸化反応器が爆発し火災が発生し、従業員が１名死亡、負傷者25名、家屋損傷が999件発生した大事故です。

事故発生の主な経緯を以下に時系列で示します。

①2012年4月21日　工場の蒸気系にトラブル発生。

②23：20　蒸気の供給が停止との連絡あり。

③23：32　酸化反応系のインターロックが作動。

④自動的に空気源（酸化原料）が遮断され、代わりに窒素が挿入された。同時に冷却水が装置内循環冷却水から消火水

へ切り替った。酸化反応系の停止プロセスが規定通り実行され始めた（反応器内の撹拌は、ドラフトチューブ内を上昇する空気で行われていたが、代わって窒素が挿入された。反応器内の冷却コイルは、反応器の下部にのみ設置されていた。反応物は反応器内の上部まで生成され保持されていた）。

⑤00：40　運転担当は「消火水では反応器内の温度が考えている速さで下がらない」と判断し、インターロックを解除し、装置内の循環冷却水へ切り替えた。

⑥01：33　反応器上部温度アラーム発報（急激な温度上昇と圧力上昇が発生）。

⑦02：11　空気圧縮機起動

⑧02：15　反応を制御する手段がなく、爆発・火災に至った。

8.1　VTA法

VTA法は、事故や不祥事が起きるのはいつもと異なったことが起きたからとして解析します。あらかじめ定められたいつもの状態から逸脱した事象を事故の時系列的記述から抽出し、それらがなぜ起きたかをなぜなぜ分析法を用いて原因究明します。

VTA法で事故原因の解析を行う場合は、事故や不祥事などの関係者の行動や関係する事物の状態を定性的ですが時系列的に記述するので、多くの関係者の協力を要します。したがって起

【表８－１】VTA法　緊急停止操作と爆発までの経過

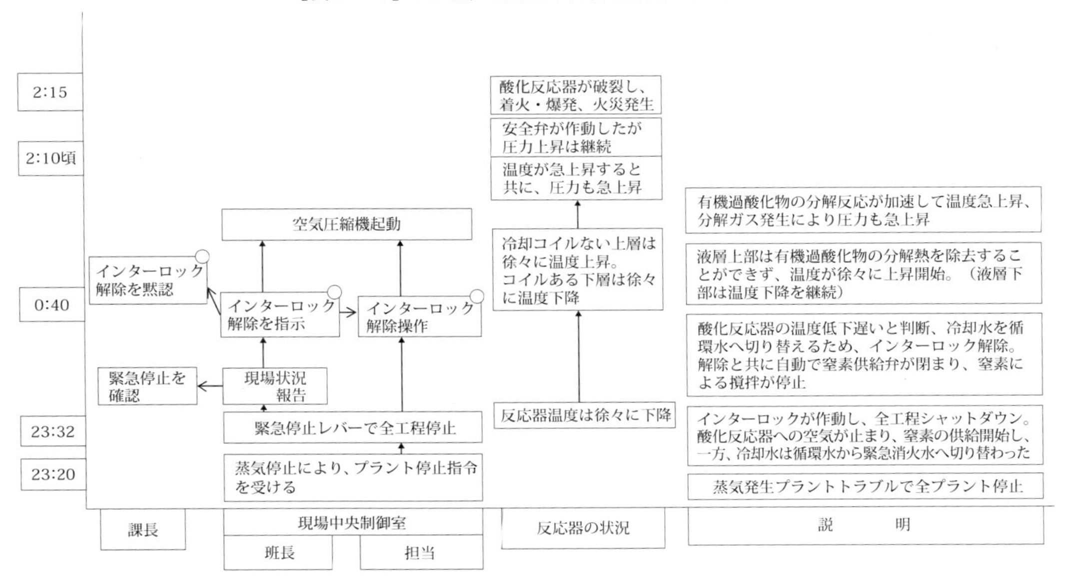

きたすべての事故事例の原因究明に適用していますと関係者の時間確保が難しくなります。したがって、適用する事例の選択基準として、関係者や関係する事物が多く、事故や不祥事が起きるまでにある程度の時間経過があり、組織として反省すべき要因が多いと推察される事例と決めている組織もあります。

表８－１にVTA解析例を示しました。横軸に事故時に運転操作に携わった人達、この場合、運転担当者と現場で指揮をとった当該課の課長、そして爆発した反応器をとります。縦軸に時間的経過でそれらが爆発事故に至るまでどういう行動をとり、反応器はどんな状態であったかを記述しています。説明を要する事項は、右側に記載します。そしていつもと異なる行動に○をつけます。この○の行動に関しなぜなぜ分析を行います。事故事例のように原因分析する視点に抜けが心配の場合はM-SHEL法で第１次原因を顕在化させることを勧めます。課長および運転員についた○についてM-SHEL法で解析した結果を以下に示します。

８．２　M-SHEL法

図８－１の通り、ミスをした人（真ん中のL）の立場に立ってミスをしたときのM（Management）でミスに駆り立てるような要因はなかったか、作業をする際のS（Software）手順書などはきちんと整備されていたか、設備などはどんな調子で

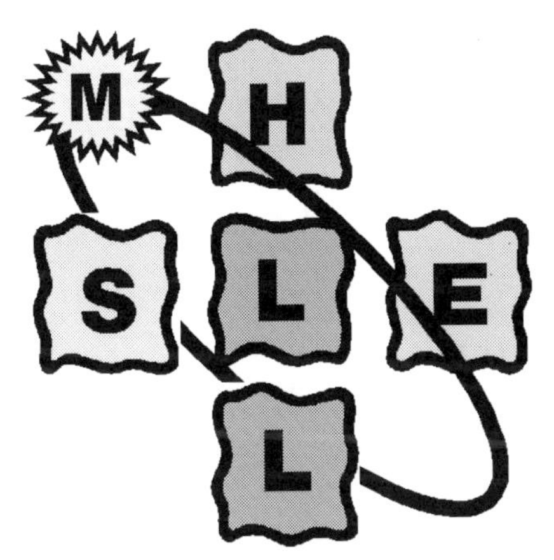

M：Management
　指揮・管理など
S：Software
　手順書など
H：Hardware
　設備など
E：Environment
　温度・湿度など
L：Liveware
　対人関係

【図８－１】M-SHEL法

あったかH（Hardware）、作業環境E（Environment）はどんなであったか、同僚とか上司との関係は良かったかL（Liveware）の五つの視点からミスの原因となった要因を顕在化させます。顕在化した要因についてなぜなぜ分析を行い原因を究明します。なぜなぜ分析の過程は省きますが、なぜなぜ分析の結果に基づく対策を要する11の組織の診断項目を記載しました。

顕在化した原因から想定される具体的な対策は、当該企業が発表している次の三つの視点からの対策が考えられます。

①　ライン管理者が現場に集中し、しっかり現場のマネジメントができる対策
②　技術力の向上と技術伝承を確実に行える対策
③　安全最優先の徹底とプロ意識醸成・業務達成感が得られる対策

【表８－２】M-SHEL解析　L：ライン管理者

要　因	原　因	対策を要するLCB式組織の健康診断®項目
Management 指揮、管理	①本社他からの業務依頼に対応するのに追われ、日常、現場管理に充分力を注げない状態であった ②インターロックが作動した場合の緊急操作時の教育・訓練の不足 ③酸化反応器の上層部に冷却不可の部分が存在することに関するリスク管理の不備 ④インターロック解除を安易に容認した安全意識の欠如	L1：リスク管理、 L2：学習態度、 L3：教育・研修、 C4：コンプライアンス、 B3：変更管理
Software 手順書、マニュアル	①インターロック作動時、解除時に関する運転操作マニュアルの不備 ②爆発・火災に関する知識と意識の不足	L3：教育・研修、 B3：変更管理
Hardware 設備、道具	①酸化反応器の上層部に冷却不可の部分が存在することへの設備的対応の不備	L1：リスク管理、 B3：変更管理
Environment 環境要素 （温度、湿度など）	特になし	
Liveware 自分自身、同僚、上司	①インターロック解除に伴う運転操作に関し、適正な判断・指示ができなかった ②運転班長および運転員のインターロック解除に伴う運転操作に関する技術力不足 ③インターロック解除時の運転員、班長とライン管理者間のコミュニケーション不足	L3：教育・研修、 B3：変更管理、 B4：コミュニケーション

L：運転担当

要　因	原　因	対策案
L1 本人	・疑問もなく班長の指示通り操作 ・緊急時のシステムの理解、経験不足	・緊急時操作の教育・訓練 ・緊急停止の経験不足をカバーする訓練・シミュレーション
L2（Liveware） 上司　班長 （同僚など周囲を含む）	・緊急時のシステムの理解不足 ・上司の正式な承認得ないでインターロック解除する組織風土	・緊急時操作の教育・訓練 ・自己の職責の範囲の教育
M（Management） 指揮・管理	・緊急時の教育／訓練の不足 ・インターロック解除ルールの不徹底	・緊急マニュアル整備 ・ルールの徹底・安全文化
S（Software） 手順書・マニュアル	・運転マニュアル不備	・マニュアル改訂
H（Hardware） 設備・道具	・緊急時の安全システム不備（設計） ・冷却能力、冷却不可のエリアあり	・インターロック解除条件見直し ・設計の見直し、システム追加
E（Environment） 温度・湿度など 環境要素	・緊急停止に伴ういろいろな作業が錯綜していて安全確認が困難な環境	

私達はこの事例研究から、**表8－2**に記載した対策を要するLCB式組織の健康診断® 項目のうち、六つの項目が４点以下の状態に陥っていることに気が付き、当該現場がLCB式組織の健康診断® 法を採用し、日頃から組織の状態についてセルフチェックをし、これら六つの項目について４点以上のレベルまで上昇させる施策を実施していれば事故は起きなかったのでは、と推察しています。

8．3　その他の事故解析事例

(1) 塩ビモノマー (VCM) プラントの爆発火災事故

2011年11月13日15：15発生、14日15：30鎮火、従業員１名死亡

<経過>

VCMプラントの機器の緊急遮断弁の誤作動（設計の不備）により、オキシ反応工程A系が停止し、精製工程がロードダウンを行った。その過程で、蒸留操作のミスにより、塩酸還流槽に多量のVCMが流入したため、VCMがオキシ反応工程B系へ循環し反応工程全系停止に至った。蒸留系も停止することとなり、温度、組成が不調のまま停止した。この状態で還流操作を停止・切離した（封止状態)。還流槽（レベルは100％近辺）や塩酸一時受槽で長時間の保管により、塩化第二鉄が触媒となり、1,1-二塩化エタンの生成反応（発熱）が進行した。内圧上昇による受槽からの漏洩、液面の高かった還流槽は破裂し、次いで爆発、火災へとつながった。

ロードダウンから爆発、火災までの操作が非常に多く、膨大なVTA解析表になったので、主な操作だけのVTA解析結果を**表８－３**に示します。

【表8－3】VTA法による解析

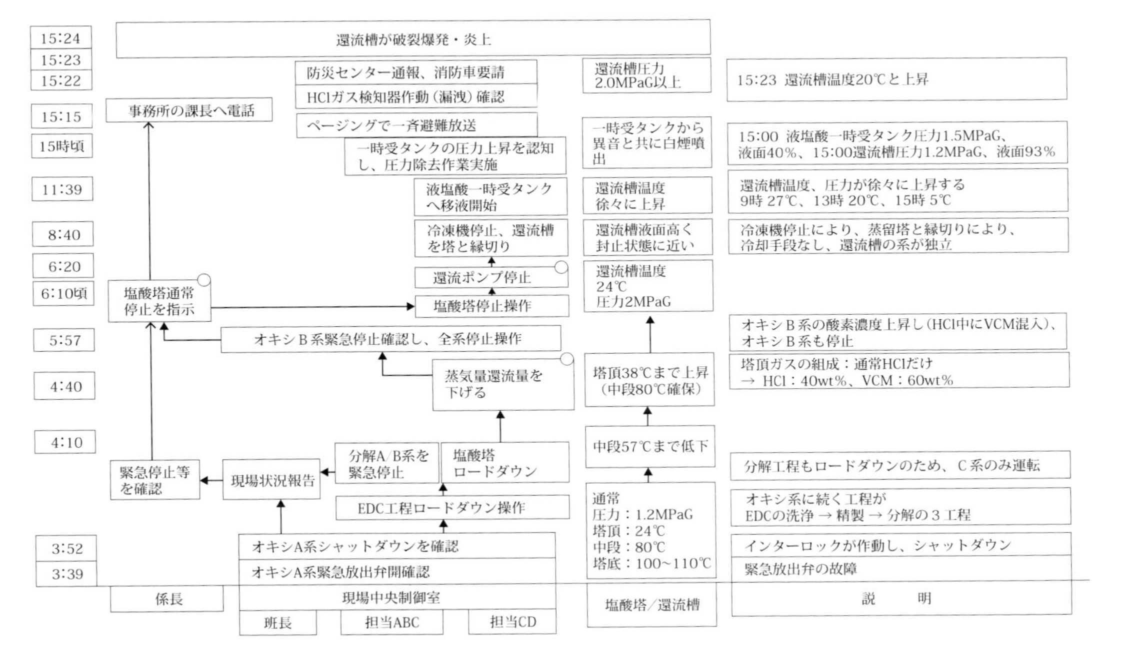

＜M-SHEL法による解析＞

VTA法で顕在化した通常とは異なる○の行為の内VTA法で確認し、２項目についてM-SHEL法により評価した結果を以下に示します（**表８－４**参照）。

①運転員が塩酸蒸留塔の温度管理ができなかった行為

【表８－４】M-SHEL解析

要　因	原　因	対策案
L1 本人	・塩酸塔（蒸留塔）の運転操作の未熟	・基本操作の教育・訓練の充実
L2（Liveware） 上司　係長、課長 (同僚など周囲を含む)	・現場の人員・能力把握の欠如 ・現場での指示不適切 ・急な運転操作で同僚、上司に相談する余裕がない	・適正な人の配置 ・指導する力のある管理職の養成
M（Management） 指揮・管理	・緊急時の教育／訓練の不足・不徹底	・緊急マニュアル整備 ・緊急訓練 ・蒸留操作の基本教育
S（Software） 手順書・マニュアル	・運転マニュアル不備	・マニュアル改訂 （緊急時、蒸留塔の運転方法）
H（Hardware） 設備・道具	・塔頂温度の警報システム不充分 ・緊急時の安全システム不備（設計）	・重故障アラーム追加
E（Environment） 温度・湿度など 環境要素		

②管理職が塔頂温度異常に気付きながら、通常停止のみを指示した行為

要　因	原　因	対策案
L1 本人 (係長・課長・部長)	・管理者としての教育／訓練の不足 ・技術の継承不足	・教育の実施・徹底 ・基本に戻り、プラントのリスク見直し、プロセスの見直し
L2（Liveware） 上司・工場トップ (同僚など周囲を含む)	・技術者、管理者の育成を怠る	・工場幹部との忌憚のない意見交換
M（Management） 指揮・管理	・リスク管理の不備 ・管理者としての教育／訓練の不足 ・運転管理の弱さ（指導力） ・技術の継承の不備	・管理者教育の実施 ・プラントのリスク管理見直し
S（Software） 手順書・マニュアル	・運転マニュアル不備 ・技術標準の不備	・マニュアル改訂（緊急時の運転方法） ・過去のトラブル整理
H（Hardware） 設備・道具	・運転異常の警報、異常時の対応システムの不備	・設備、プロセス、システムの総点検
E（Environment） 温度・湿度など 環境要素		

＜事故後の対応・対策＞

事故の当事者（組織）として、その背景について、「これまで大きな事故もなく長期間にわたって運転されてきたこと、装置面、運転面からの検討が従来から加えられており技術的には確立されたと信じられてきたことが、安全意識の低下、安全推

進体制の緩みにつながり、今回の爆発火災事故を引き起こした。全社一丸となった改善課題を抽出する。」として、**表８－５**に記載する対応を行っています。

【表８－５】事故後の対策

項　目	対策の概要	補強すべき防護壁
①緊急放出弁見直し	・弁の機能変更→系内ガス抜弁、破裂板の設置（安全設計）	L1
②塩酸塔の温度管理 ・還流槽管理（VCM溜出防止） ・液塩酸一時受タンク	・塔頂温度異常時、インターロック、温度異常の警報強化 ・運転マニュアルの改訂、教育訓練 ・塩酸塔停止基準の明確化、温度異常および圧力上昇の検知 ・監視システムの強化、マニュアル改訂並びに教育訓練	L1，L2，L3
③異常反応防止	・還流槽、液塩酸一時受タンク、副反応のマニュアルへの追記、教育	
④異常停止などの教育	・プラント異常停止や運転マニュアルや教育訓練の見直し	
⑤経営トップ	・安全操業が最優先、保安活動への取組み指揮	B1，C2
⑥事業所管理部門の保安活動へ関与	・事業所長のリーダーシップ下、環境保安、設備管理部門は現場の保安活動を支援、指導すると共に、自らが先頭に立って行動する	
⑦コミュニケーション面での課題	＜製造部内＞現場の不安感、やらされ感の一掃、対応の方法／速度 ＜管理部門－製造部門＞製造部門からの諸案件、諸提案へ対応 ＜事業所の部門間＞保安活動に関する連携、統率感、スピード感 ＜地域－事業所＞地域住民や関係官庁への体制、対応	B4

（表8－5 続き）

項　目	対策の概要	補強すべき防護壁
⑧知識、技術伝承上の課題	・プラントの設計思想や運転方法案の技術的な根拠に関する知識、Know Why、納得感、非定常状態時の対応、理解度の確認方法	L1，L3，C4
⑨安全活動の実効性	・PYT（プロセスKYT、HH、事故事例研究、HAZOPなどの充実、複雑な事象や想定外異常の訓練、事故災害事例の活用	L1，L2，L3，B2
⑩人材育成	・現場での知識・経験が低下傾向、異常や緊急事態への対応力や応用力強化（世代交代、人の配置、教育の見直し）	L3，B3

(2) アクリル酸プラント内の中間タンクの爆発火災事故

2012年9月29日蒸留塔の能力テストを行っている過程で14：35頃アクリル酸中間タンクが爆発し、22：36鎮圧、30日15：30鎮火。消防吏員1名死亡、負傷者35名

<経過>

全停電工事終了後、アクリル酸プラント内蒸留塔の能力テストを行うためにアクリル酸の反応系、蒸留・精製系と運転を開始。9月24日アクリル酸を精製塔から中間タンク経由（通常は経由せず）で回収塔へ供給。9月28日14時から蒸留塔負荷アップテストのため中間タンク（保管可能容量70m³のところ60m³保管）を切り離して運転していた。9月29日14：35頃、中間タンクが破裂。飛散内容物に着火、火災。また隣接するアクリル酸タンク、トルエンタンクおよび消防車輛にも延焼した。

＜VTA法による解析＞

VTA法解析によるいつもと異なる行為は、**表８－６**の○をつけた行為です。

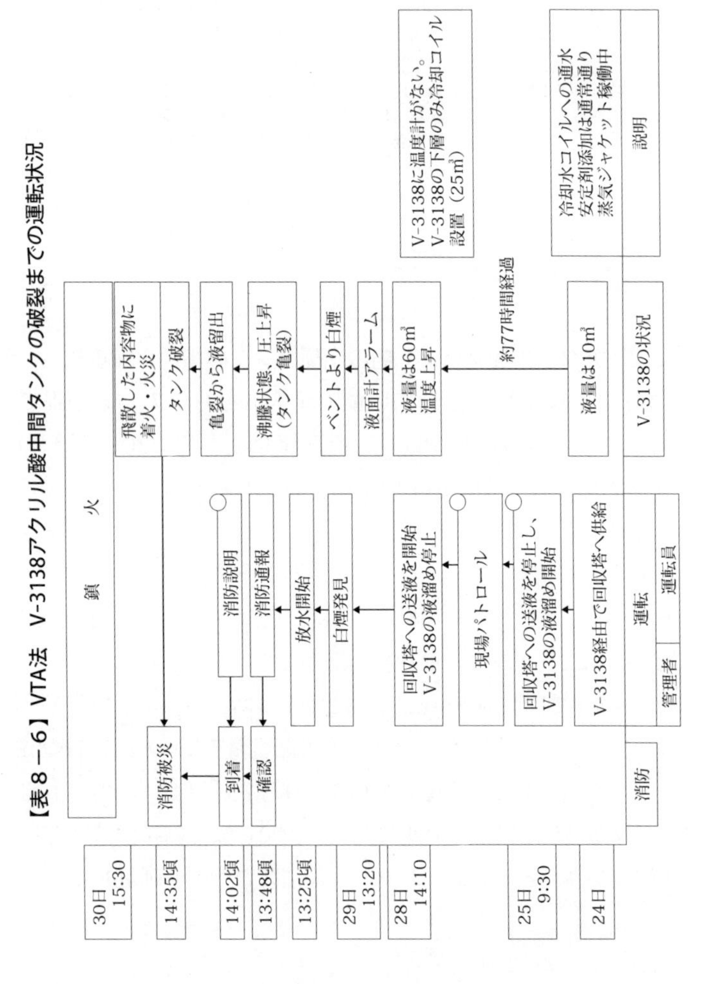

【表８－６】VTA法　V-3138アクリル酸中間タンクの破裂までの運転状況

＜M-SHEL法による解析＞

○のついた25日9：30のタンクV-3138への液だめ開始した行為とその行為を継続し現場をパトロールした二つの行動についてM-SHEL法により分析した結果を示します(**表8－7**参照)。

【表8－7】M-SHEL法

①V-3138への液溜め操作開始

要　因	原　因	対策案
L1 運転員	・アクリル酸の反応性（重合）に関する危険性の認識が低かった ・作業指示書なしで運転操作 ・作業前KYの未実施	・アクリル酸の性状、危険性教育 ・非定常作業実施の再教育 ・設備（増設、変更）の経過教育（変更管理の徹底）
L2（Liveware） 上司　係長、課長 同僚など周囲を含む	・アクリル酸プラントの運転に関し、上記の運転員と同等の危険認識	・同上
M（Management） 指揮・管理	・前回のテスト結果のフォローが不充分な技術管理 ・指示書なしおよび作業前KY未実施などの非定常作業の管理 ・多忙でこの種の作業まで管理できない現場の体制	・現場の運転管理体制の見直し ・非定常作業の管理の徹底 ・変更管理の徹底
S（Software） 手順書・マニュアル	・非定常作業マニュアル不備 ・作業前KY未実施	・非定常作業のマニュアル整備
H（Hardware） 設備・道具	・流入液（アクリル酸）の温度不明 ・保温方式が複数ある（系で異なる）	・高温にしない対策（温度検知、加温方法の改善、MAX温度制限）
E（Environment） 温度・湿度など 環境要素		

②現場パトロール

要　因	原　因	対策案
L1 本人（運転員）	・液貯め操作は数年に一度で、安全対策教育が疎かになっていた ・作業前KYを行わなかった ・天板リサイクルラインの停止（弁閉）に気が付かず	・安全および運転操作に関する教育の徹底
L2（Liveware） 課長・係長 同僚など周囲を含む	・作業指示書の作成なし ・テスト前の現場確認なし ・作業前KYを行わなかった	・作業指示書発行の徹底 ・業務多忙改善 ・安全意識改善
M（Management） 指揮・管理	・KY・リスク管理の不備 ・アクリル酸に関する安全教育が不足 ・非定常作業管理の不備 ・業務多忙で運転管理が不充分	・リスク管理方法の見直し
S（Software） 手順書・マニュアル	・非定常作業マニュアル不備 ・過去のトラブルの水平展開不足	・マニュアル改訂
H（Hardware） 設備・道具	・温度異常の警報なし、異常時の対応システムの不備	・設備、プロセス、システムの総点検
E（Environment） 温度・湿度など 環境要素		

＜事故後の対応・対策＞

『社是「安全が生産に優先する」を実現させるため、「安全は他者から与えられるものではなく、自ら考え、勝ち取ることを改めて自覚し行動する。ルールを「守る」こと、また、安全を損なう可能性がある事柄に「気付く」ことから始まり、より安全な企業へと「変わる」を実現する。いずれも、組織および個人に知識、知見、知恵がなければ実現はおぼつかないため、再発防止対策の実施と並行して、人材育成についても全社的な課題として取り組むべきである。』として、**表８－８**の対応を行っています。

【表８－８】事故後の対策

項　目	対策の概要	補強が必要な防護壁
①移送配管の加熱変更	・設計条件の設定し、配管仕様変更（リスク評価）、試運転評価	L1
②V-3138、付帯設備新設（安全対策）	・温度管理のため、温度計設置、天板リサイクルの常時実施 ・異常判断基準を設定し、緊急安定剤の投入などの対策実施 ・V-3138（付帯設備新設）のリスク評価・妥当性評価、試運転評価	L1, L2, L3, C4
③マニュアル整備	・T-5108、V-3138のマニュアル・P&I・現場表示整備	
④教育・訓練	・運転マニュアル変更、アクリル酸危険性の教育（再教育）	
⑤類似災害防止 運転作業管理 危機管理 変更管理（水平展開）	・作業管理：KY・リスク評価を必須とし、指示書適正化を図る ・変更に伴うリスク評価を必須とし、抜け防止を図り、周知する ・危機管理マニュアルを見直し、公設消防との連携（説明）を図る ・事故事例の収集とトラブルの水平展開を徹底する（技術参画）	L1, L2, L3, B2, B3
⑥設計の適正化	・タンク付帯設備設計基準の見直し（設計基準）	L1

（表８－８ 続き）

項　目	対策の概要	補強が必要な防護壁
⑦アクリル酸使用設備の防災（全体の統一）	・タンク管理温度および温度管理手段の見直し統一 ・異常予兆に係る判断基準に基づく各設備の基準温度の設定 ・異常事態などへの対応を補強する。（供給遮断、異常進行遅延、抜出・放出、隔離など） ・これらのリスク評価、設備見直し、マニュアル更新と教育	L1, L2, L3, B3
⑧防災対策の水平展開	・得られた知見を他事業所へ反映。知見を他社や業界へ提供し、アクリル酸業界はもとより化学関連産業への安全活動へ貢献	L1, L2, L3, B4
⑨安全文化の醸成 安全活動の実効性	・安全は自ら考え、勝ち取るものと自覚し、リスクに「気付く」組織および個人の行動へ反映。人材育成、自らおよび第三者検証を行う	L1, L2, C1, C2, B1, B2

【引用・参考文献】

1）リスクセンス研究会：「個人と組織のリスクセンスを鍛える」、大空社（2011）

2）「組織行動と組織の健全性診断システム」に関する研究成果報告書　～「LCB式組織の健康診断」によるセルフチェックシステムの開発～（2011）、東京大学、LCB研究会

3）「組織行動と組織の健全性診断システム」に関する研究成果報告書　～「LCB式組織の健康診断」によるセルフチェックシステムの開発～（2014）、東京工業大学、LCB研究会

4）石橋　明：「事故は、なぜ繰り返されるのか」、中央労働災害防止協会（2006）

Column ⑬

VTA法活用による医療症例の解析

救急医療センターは、高信頼性な組織の体質が求められています。病気の経過が全く不明な患者が搬送され、限られた時間の中、常に最高の組織パフォーマンスを求められており、そのためのいろいろな活動が行われています。

月刊誌『救急医学』（へるす出版）の2014年6月号より連載されているM&M[注] conferenceの活動例を紹介します。連載の目的は、救急医療の現場での死亡例や重篤な後遺症が残った症例の再発防止策を個人や主治医チームに求めるだけでなく、そういった最高のパフォーマンスをあげることができなかった要因を多角的に分析し、M&M conferenceを重ねることによりチームビルディング力を高め、結果的にリスクを軽減する手法を開発することにあります。

この症例解析にリスクセンス研究会も参加しています。医療分野で症例解析に活用されている手法は数多くあり、M-SHEL法はポピュラーです。また詳細な分析法としては、東京・練馬総合病院が積極的に活用しているRCA法が知られています。この手法は網羅性を求めているのでマンアワーを多く要することから河野龍太郎氏が簡便化したMedical Saferも活用されています。

リスクセンス研究会は、M-SHEL法とVTA法を活用しています。今回の解析を通じ、失敗に至る背後要因だけでなく、医療従事者には気付きにくい良い行動例についても顕在化させることができています。またチームビルディングの範囲を病院という「施設」から「地域」へ拡大させる必要があるとことも顕在化させることができています。

[注] M&M：「Morbidity & Mortality」の略

2013 Good Risk Sense Award の事例

個人として何か変だ！と気付く力を有していても組織として、その事象を共通認識できる組織風土が定着してなければ、その何か変だと感じた事象は放置され事故や不祥事が起きてしまう可能性があります。個人の視点と組織の視点のリスクセンスが同時に良い状態であることが必要です。即ち、組織としてのリスクセンスが発揮できるためには、何か変だと感じた人が直ちに申し出ることができ、組織としてその情報を共有でき、対応できる組織風土であることが不可欠です。申し出を受け取った人の感性が素晴らしく、申し出があった内容をすぐ検討し、申し出をした人にフィードバックすると共に組織として対応を要すると判断したらすぐフォローする組織風土、これが私達が築こうとする組織文化です。

リスクセンス研究会では、Good Risk Sense Awardを創設し、良いリスクセンスが発揮され、事故や不祥事などを初期の段階で発見・対応し、拡大させなかった活動や事故や災害などに遭遇したときに減災できた活動を顕彰しています。特に化学分野に関しては、化学工業日報社 社長賞が授与されています。

2013年度の化学分野の顕彰事例、「原料タンク内の撹拌熱蓄積による品質異常の早期発見とその対応」（綜研化学）を紹介します。

◎ 2013年度化学分野の顕彰事例（綜研化学）の受賞写真

事例を要約しますと、重合槽に原料を仕込み、反応開始の目視による品質確認でいつもと違う事象に気がついた運転担当が上司に報告、上司はこの申し出があった内容をすぐ検討し、結果として原料タンクの異常状態を早く解消でき、且つ規格外品の生産を最小限に抑えることができたという内容です。

反応開始前の原料は、貯蔵されているタンク内で品質を均一に保つために攪拌されている場合が多い。この事例では、タンクの運転担当者のミスにより攪拌時間がいつもより長かったために、本件を機に実施された技術的な検討結果から初めて判明したことですが、原料のモノマーがタンク内の攪拌操作による蓄熱で着色していました。着色したモノマーは別のタンク内で貯蔵されていた溶剤とそれぞれ計量し重合槽に供給されます。反応開始前の目視による品質確認工程で、反応担当の運転員がわずかだが着色していて変だと感じました。報告を受けた上司はすぐ重合槽から反応開始前の混合物をサンプリングし、品質管理部門に分析を依頼。そこで着色の原因は原料のモノマーの着色と判明。モノマーに異常があったことが判明したことからモノマーの貯蔵タンクに異常がないかを点検。その結果、貯蔵されているモノマーの製品温度がいつもよりわずかに高いことと攪拌機が稼働中であることを見つけました。そこで技術統括部門長の指示で、重合禁止剤をタンクに供給すると共に所管の消防署に連絡しました。タンク内の攪拌操作による蓄熱に伴う貯蔵物の温度上昇の度合いは、実施された検証実験でタンクの保温仕様などのエンジニアリング条件や気候の条件を変更させてもモノマーが重合を開始する温度には達しないことが明らかにされました。

重合過程の異常反応で大きな事故が頻発している昨今、技術統括部門長の原料タンクへの重合禁止剤投入という早い指示を含め、反応担当の運転員を含む個人と組織としての良いリスクセンスが発揮された学びたい事例です。

この事例を防護壁モデルの視点から考察すると原料タンクの撹拌にいつもより時間をかけていたというオペレーションマニュアルからの逸脱したまずい事象に早く気がつき対応した運転現場の一連の行動から、運転員の「L3：教育・研修」や「L1：リスク管理」がしっかり行われていること、「B2：HH／KY」が活発であること、いつもと異なることがすぐ上に報告される良い「B4：コミュニケーション」の状態、責任ある立場の人が安全第一の方針に則り実践（「B1：トップの実践度」）するという個人と組織の良いリスクセンスによって防護壁が機能し、損害を最小限に抑えることができたと推察できます。

2013年度のGood Risk Sense Awardは、この他に3.11の巨大津波に襲われた際、乗客を死傷者ゼロで安全に避難させた東日本旅客鉄道株式会社（JR東日本）に授与されています。大地震に伴う列車の緊急停止とその後に襲った大津波の襲来に備え、運転手や車掌を含むJR東日本社員の一人ひとりがそれぞれの持ち場で、個人としてまた組織として素晴らしいリスクへのセンスを発揮され、行動された事例です。

＜Good Risk Sense Award顕彰に関するお願い＞

リスクセンスにより事故の未然防止、拡大防止につなげることが重要です。しかし、この点に関する具体的活動は重要であるにも係わらず、地味な日常の活動の一部とされ、異常の兆しを発見し速やかに対応をとった事例でさえも当たり前とされ、当該組織の中であまり知られてないケースも見られます。

私達は化学工業日報社と連携してこれら事例を収集すると共に、優秀事例については、第三者である有識者を交えた委員会で審査を行った上で「Good Risk Sense Award」として毎年顕彰することとしています。顕彰対象は現場における活動事例の他、リスク管理の研究や関連資機材の開発などリスクセンスの向上や普及の視点を念頭に幅広く考えています。

応募については、自薦他薦を問いません。さらにはこんな事例を耳にしたが表彰に値するのではないかとの話でも結構です。リスクセンス研究会のウェブサイトで募集要領が、毎秋に発表されます。皆様からの応募や推薦をお待ちしています。

【引用・参考文献】

1）「組織行動と組織の健全性診断システム」に関する研究成果報告書　～「LCB式組織の健康診断」によるセルフチェックシステムの開発～（2014）、東京工業大学、LCB研究会

Column ⑭

レジリエンスエンジニアリングの体系化への近道！

リスクが顕在化した際に、求められている活動を継続できるよう復元力を発揮するレジリエントなマネジメントシステムを構築しようとする動きが始まっています。この復元力を発揮するレジリエントな組織が具備する要件は次のとおりです。

「組織または組織に所属する人は、何を予見すべきか、何を監視すべきか、何をすべきかを知っていること」

LCB式組織の健康診断® 法によるマネジメントは、「何を監視すべきか」、「何を予見すべきか」、「何をなすべきかを知り対処できること」の要件を実践しているマネジメントシステムでもあります。LCB式組織の健康診断® 法は、11の組織の診断項目から成り、診断値が4点以下になったり診断値のバラツキが大きくなった場合、その項目には好ましくない事象や問題が潜んでいるとして原因究明を行います。そしてまずい事象を顕在化させ、対応することでエラーやトラブルなどを予兆の段階で対処します。また対処する力を維持するために組織構成員が11の組織の診断項目に精通し、望ましいレベル以上（各診断項目毎に60点以上）を維持する仕組みを具備しています。

LCB式組織の健康診断® 法の実施例をもとに、レジリエンスの特性－「予見」「注意」「対処」－の確認、次いで何に対してのレジリエンスな状況であったかの類型化と体系化、例：標準的な脅威、前例のない脅威に対し、どう洞察し、対処し“復旧”したか、これらのステップは「レジリエンスな状況の組織の設計」とレジリエンスエンジニアリングの体系化への道筋！

おわりに

無事故組織の現場見学をさせて頂くと働いている作業員の方々は外観上、自分達の職場の作業員と変わらなく同じ行動しているように感じ、自分達の組織運営とどこがどう異なっているのか、を知りたくなります。そこで良い安全成績を長期間維持できるためのポイントを問うと、「特別なことは何もしていません」「なぜ良い成績が維持できているかわかりません」などの期待に反しそっけない返事が多くの場合返ってきます。さらに一歩踏み込んで具体的な行動の展開方法を幾つか伺うと「安全を維持するために何をするか？」ではなく、「日常、安全を特別に意識していない、結果として安全に理にかなった行動をする組織風土が定着している」ということに気付きます。自分達の組織ですぐ学び、日常の中に取り入れることは難しそうだと感じることがあります。

本書で提案している化学プラントの異常感受性を磨くための「11の行動」についても、自分達が日頃現場で心がけている行動と同じで「どこがどう異なっているか？」と受け取られた読者も多いと推察します。

［**リスクセンス検定　練習問題⑨**］（p.135参照）の私達が目指しているHH活動での行動や、［**リスクセンス検定　練習問題⑪**］（p.171参照）で求めている良いコミュニケーションの状態は外見からでは学ぶことができない行動です。［**リスクセンス検定　練習問題⑧**］（p.127参照）の管理者に求める行動も何

気なく見過ごしてしまいそうな行動です。前の2問はHH活動を活発にしようと苦労されている人やルールを厳しくしてもエラーは減らないと苦労されている人にとって、後の3問目は第一線の実務職層の人達が二律背反的だと感じてしまう管理職層の発言や行動にどう対応したら良いか思案されている人にとって、それぞれ自分達が目指している行動の「組織風土の定着」に必要な基本行動と理解して頂けると思います。これらの行動は上述の安全成績の良い組織内で見られる「安全に理にかなった行動と感じた」と同じ行動です。提案している11の組織と個人の行動を通じリスクへのセンスによって、無事故組織の職場が構築できることを実感して頂けたと思っています。化学産業界において種々の取組みが行われている「保安力向上」においても本手法が資することも理解して頂けたらと思っています。

「はじめに」に述べましたとおり、ぜひ仲間や同僚と御一緒に本書をもとに身近な日常の行動についてディスカッションし、一人で一読しただけではなかなか気付きにくいリスクセンスのある行動を身に付け、鍛えて日常行動に活かし組織力の向上に役立てて頂きたい。

特に「リスク感性」や「危険感受性」を磨こうと類似の事故から学びリスクアセスメントやKY活動に力を入れている方、「気付き」「コミュニケーション」「リーダーシップ」などのノンテクニカルなスキルの向上により現場力の強化を目指している方、レジリエンスエンジニアリング（**コラム⑭**参照）を身に付け、万が一リスクが顕在化したときには被害を最小限にできるようにとされている方にとって、本書で提案しているリスクセンスを磨く手法を取り込むことにより目指すゴールがより近くなったと気が付かれたと思います。

私達が日常にセルフヘルスチェックするようにそれぞれの職場においてこの簡便な物差しを用いて組織のセルフチェックを行い、未病の段階で対応することにより組織の健全性を維持し、ますます発展されることを期待しています。更には、本書で身に付けた職場におけるリスクセンスを養う手法を、危険がいっぱいといわれている昨今の日常生活に活用し、身の回りの危険に対処し、毎日を健康で安全に過ごされるよう願っています。

最後に、本書は化学工業日報社の月刊誌『化学経済』2014年4月号から8月号までの5回にわたって連載された“**リスクセンスを磨く**”の内容を、活発に保安力強化の活動が展開されている化学産業分野向けにまとめて出版してはとのオファーを頂き実現しました。本書が化学産業に携わっておられる方々の生産性向上に少しでもお役に立てば幸いです。

◎事故事例および不祥事の事例　一覧

	事例の内容	掲載している章
1	新製品開発過程での開発データ改ざん事件	5.1
2	石油精製・石油化学プラントの保全データ改ざん事件	5.4
3	重油流出事故	6.3
4	低放射性物質処理プラントの火災事故	6.4
5	巨大地震とそれに伴う津波による被災	6.4
6	有機過酸化物プラントの爆発火災事故	8.1、2
7	塩ビモノマープラントの爆発火災事故	8.3
8	アクリル酸中間タンクの爆発火災事故	8.3

◎編集・執筆者一覧（50音順、括弧内は所属）

（注：Rはリスクセンス研究会会員）

［編集］

大内　功（R，グリーン＆セーフティ鎌倉 代表、元 損保ジャパンリスクマネジメント株式会社シニアコンサルタント、元 昭和電工株式会社環境安全部部長、多くの学協会の安全、環境およびエネルギーなどの分野で幹事役として意見発信中）

小林基男（R，元 株式会社菱化システム社長兼株式会社三菱ケミカルホールディングス執行役員。三菱化学株式会社（元三菱油化）の計装・プロセスコンピュータの保守・建設担当を経て情報システム部門のマネジメントを担当）

小山富士雄（R，東京工業大学総合安全管理センター 特任教授、元 東京大学環境安全本部 特任教授、元 三菱化学株式会社環境安全部部長、環境・安全管理および企業や大学の事故・不祥事防止に取り組む中でリスクセンス研究を推進）

中田邦臣（R，元 三菱化学株式会社理事。製造、開発・研究、エンジニアリング、保全などの部門を経て鹿島事業所副所長、鹿島動力株式会社社長。事業所勤務の際の死傷事故を経営管理職として猛省し、リスクセンス研究に発展した組織行動からの失敗学研究を提唱し推進）

藤村峯一（R，元 株式会社ブリヂストン常務執行役員、品質保証部門から米国ブリヂストンファイヤストン副社長、欧州ブリヂストン社長兼会長。特に品質問題への対応は担当者の立場から経営者の立場まで経験）

[執筆者]

はじめに、序章、第１章：小林基男、中田邦臣、藤村峯一
第２章、第３章：中田邦臣
第４章４．１：大内　功
４．２、４．３：鷺　康雄（R，元 株式会社クレハ）、
中田邦臣、藤村峯一、産業遺産体験研究会
第５章５．１：中田邦臣
５．２：大内　功
５．３：中田邦臣
５．４：御手洗寿雄（綜研化学株式会社）
第６章６．１：小林基男
６．２：石川　諭（綜研化学株式会社）
６．３：南川忠男（旭硝子株式会社）
６．４：久保　稔（R，元 独立行政法人日本原子力研究開発機構）
第７章：大内　功、鷺　康雄、中田邦臣
第８章：大内　功、中田邦臣
第９章：鷺　康雄、中田邦臣
おわりに：中田邦臣

Column 一覧

（掲載順、括弧内は執筆者の所属、Rはリスクセンス研究会会員）

①異業種・異次元の事件・事故報道から学ぶ：
宇於崎裕美（有限会社エンカツ社）

②内田嘉吉 著『安全第一』を読む：
三谷　洋（R、元 大正製薬株式会社）

③リスクセンス検定® の受検結果から：中田邦臣

④現状維持は退歩である：大内　功

⑤事故や失敗に学ぶ施設はいつ始まったのか？：
井戸幸一（株式会社乃村工藝社）

⑥リスクセンスで化学装置の劣化度や汚れ度の推察力向上：
中田邦臣

⑦内部監査部、環境安全部への異動は友達をなくす：
大内　功

⑧経営トップ層の安全施策への動機付け：中田邦臣

⑨ノンテクニカルスキル向上とリスクセンス：中田邦臣

⑩「LCB式組織の健康診断®」の医療分野への応用・展開の試み：
野村眞弓（R、ヘルスケアリサーチ株式会社）

⑪LCB式組織の健康診断® のIT分野への試行：小林基男

⑫オフィス力（りょく） プロジェクトでの取組み：
宮崎　敬（三菱UFJ信託銀行株式会社）

⑬VTA法活用による医療症例の解析：
川路明人（R、有限会社ファルネットぎふ）

⑭レジリエンスエンジニアリングの体系化への近道！：
中田邦臣

索　　引

リスクセンスで磨く異常感知力

～組織と個人でできる11の行動～

化学プラント編

特定非営利活動法人リスクセンス研究会　編著

2015年1月20日　初版1刷発行

発行者　織 田 島　　修

発行所　化学工業日報社

〒103-8485　東京都中央区日本橋浜町3-16-8

電話　03(3663)7935(編集)／03(3663)7932(販売)

振替　00190-2-93916

支社　大阪　　支局　名古屋、シンガポール、上海

HPアドレス　http://www.kagakukogyonippo.com/

(印刷・製本：ミツバ綜合印刷)

ISBN978-4-87326-650-3　C3050